Michael Geitner
Alexandra Schmid

EquiGym®

Das **Koordinationsprogramm** für gesunde und ausgeglichene Pferde

Müller Rüschlikon

Einbandgestaltung: R2 I Ravenstein, Verden

Titelfoto und Foto auf der Rückseite: CAVALLO/Hartig

Bildnachweis:
Pamela Gletter: S. 11, 61, 62-2
Corinne Lenz: S. 110
Matthias Pöhler: S. 6, 7, 27, 62
Eliane Reichelt: S. 9, 23, 26, 28, 32, 40, 41, 42, 46, 48, 50, 53, 54, 64, 66, 68, 74, 94
Ramona Rührup: S. 51
Raphaela Schäfer: S. 49
Alexandra Schmid: S. 5, 12, 14, 16, 17, 19, 20, 21, 22, 29, 33, 37, 38, 41-2, 43, 47, 52, 55, 57, 59, 60, 63, 71, 76, 77, 78, 79, 82, 84, 107, 108, 113, 118, 141, 142
Ilse Wenner: S. 69

Die Grafiken und Zeichnungen stammen von Alexandra Schmid.

ISBN 978-3-275-02334-9

1. Auflage 2025

Sie finden uns im Internet unter www.mueller-rueschlikon-verlag.de

Gesamtleitung: Claudia König
Innengestaltung: Andrea Horn Layout-iT!, Dorsten
Druck und Bindung: Graspo CZ, 76302 Zlin
Printed in Czech Republic

Auf die Matten, fertig, los!

Willkommen zu unserem neuen Programm EquiGym® – es ist für uns eine wertvolle Erweiterung der blau-gelben Trainingswelt!

Da wir nicht nur Theorie vermitteln, sondern die praktische Arbeit mit Pferden unser Schwerpunkt ist, entstehen Programme wie EquiGym® direkt aus unserer täglichen Erfahrung. Diese innovative Weiterentwicklung baut auf unseren bisherigen Modulen auf.

Bei EquiGym® arbeiten wir mit Balance- und Sensorikmatten, den EquiGym®-Matten, blau-gelben Sprüngen (oder eher kleinen »Hüpfern«), sowie Gassen, EquiGym®-Blöcke und Pylonen. Diese Elemente haben wir in abwechslungsreiche und spannende Parcours integriert – ein blau-gelber Trail, der nicht nur viel Spaß bringt und herausfordernd ist, sondern auch für das Wohl der Pferde sorgt. Und zwar für alle Pferde!

Wie alle unsere Programme ist auch EquiGym® disziplinübergreifend anwendbar.

Wir sind begeistert von den Ergebnissen und können Dir EquiGym® nur ans Herz legen. Langeweile in der Halle war gestern – mit diesem Programm bringst Du Abwechslung und Freude in Dein Training!

EquiGym® – im Sinne Deines Pferdes.

1. Die blau-gelbe Trainingswelt!

Die blau-gelbe Trainingswelt umfasst verschiedene Module, darunter Equikinetic®, longierte und gerittene Dual-Aktivierung, EquiClassic-Work, Longe-Walking, Fahnenarbeit, Positionsarbeit und den Equiplace®. Durch den strukturierten und gezielten Aufbau der blau-gelben Dual-Gassen® wird das Training für Dich und Dein Pferd deutlich vereinfacht und effektiver gestaltet.

Unsere Trainingsprogramme sind hocheffektive Methoden, die gezielt die Balance, Koordination und Konzentration Deines Pferdes fördern. Equikinetic® hat sich im Laufe der Jahre nicht nur als hervorragendes Muskelaufbautraining etabliert, sondern auch als wertvolles therapeutisches und rehabilitatives Programm für Pferde bewährt.

Die 3 Säulen der blau-gelben Trainingswelt

1. Konzentration von Mensch und Pferd
2. Farben und Gassen
3. Der Aufbau der Dual-Gassen®

Erste Säule: Konzentration von Mensch und Pferd

Für die Zusammenarbeit mit Deinem Pferd ist Konzentration entscheidend – sowohl von Deiner Seite als auch von der Deines Pferdes. Wenn Du mit Deinem Pferd arbeitest, sollte Deine volle Aufmerksamkeit ihm gewidmet sein. Das bedeutet: kein Plaudern mit Freunden, kein Blick aufs Handy. Wenn Du abgelenkt bist, spürt das auch Dein Pferd. Du verpasst wichtige Signale, die es Dir sendet, und Dein Pferd verliert die Lust an der Zusammenarbeit. Es wird dann eigenständig handeln, egal ob Du es führst oder reitest.

Deine Aufgabe ist es, Deinem Pferd klar zu zeigen, was es tun soll. Wenn Du unaufmerksam bist, wird Dein Pferd das Vertrauen in Dich verlieren.
Gleichzeitig ist es wichtig, dass Du Dich auch auf die jeweilige Aufgabe fokussierst. Dein Pferd wird merken, wenn Du nicht aufpasst, und entsprechend handeln – zum Beispiel einen Parcours nicht so durchlaufen, wie Du es geplant hast.

Auch Dein Pferd sollte sich nicht ablenken lassen, wenn es durch einen Parcours geht. Es sollte auf Dich und den Parcours achten, nicht auf die Kumpels auf der Weide oder das Hallentor. Die Ohren Deines Pferdes verraten Dir, wohin es seine Aufmerksamkeit lenkt.

Zeigt es Unkonzentriertheit, lernt es auch weniger – wie bei uns, wenn wir Hausaufgaben machen und gleichzeitig Fernsehen schauen. Du kannst Deinem Pferd helfen, indem Du konzentriert bleibst und es mit den blau-gelben Gassen führst oder reitest.

Zweite Säule: Farben und Gassen

Die Welt aus der Sicht Deines Pferdes besteht überwiegend aus Grautönen. Das Farbsehen ist bei den meisten Säugetieren eingeschränkt und geht auf Kosten der Fähigkeit, Konturen scharf zu erkennen. Anders ist es nur bei Primaten und Menschen, da diesen der sogenannte Rotzapfen nicht fehlt. Pferde besitzen diesen Zapfen nicht, was ihr Farbsehen auf ein Minimum reduziert.

Pferde können die Farben Blau und Gelb am besten sehen. Diese Farben sind für sie Signalzeichen, ähnlich wie für uns Menschen die Farbe Rot. Während Rot für uns Aufmerksamkeit oder Gefahr signalisiert, haben Blau und Gelb auf Pferde diese Wirkung.

Die Gassen sind in diesen Farben gestaltet, damit Dein Pferd sich leichter orientieren kann. Es bleibt aufmerksam, weil die Farben sich immer wieder abwechseln.

Die Gassen bestehen aus weichem Schaumstoff, sodass Dein Pferd sich nicht verletzt, falls es aus Versehen auf sie tritt. Sie geben nach und rollen nicht weg.

Dritte Säule: Aufbau der Dual-Gassen® und die Art der Übungen

Die Gassen helfen Deinem Pferd, sich und Dich im Gleichgewicht zu halten und die Beine ordentlich zu sortieren, um sicher über Hindernisse zu gelangen. Der Aufbau der Gassen gibt Dir und Deinem Pferd eine klare Struktur vor. Hufschlagfiguren wie Volten, Zirkel oder Schlangenlinien werden sichtbar gemacht und lassen sich mit den Gassen leichter nachreiten.

Deinem Pferd bieten die blau-gelben Gassen Orientierung, da sie wie Leitplanken fungieren, die ihm Sicherheit geben. Sie helfen ihm, sich und Dich besser auszubalancieren. Pferde haben vier Beine, und die richtig zu koordinieren, ist gar nicht so einfach. Gerade bei den Gassen am Boden braucht Dein Pferd Übung, um sicher über sie zu kommen. Das nennt man Koordination.

Wenn Balance und Koordination sich verbessern, fällt es Deinem Pferd auch leichter, Dich sicher zu tragen.

Durch diese drei Säulen unterstützt die blau-gelbe Trainingswelt die Konzentration, das Gleichgewicht und die Koordination Deines Pferdes – und sorgt dafür, dass ihr beide gemeinsam sicher und erfolgreich arbeiten könnt.

Die Dual-Gassen® sind 3 m lang. Die Abstände haben in den jeweiligen Hindernissen und Aufbauten keine Norm. Dein Pferd muss sich mit der Schrittweite den Gassenabständen anpassen. Das ist zum Beispiel ein Grund, warum bei Holzstangen die Verletzungsgefahr zu hoch wäre. Zudem schult es die Koordination der Vor- und Hinterhand und die Aufmerksamkeit.

Das Zeitsystem

In der blau-gelben Trainingswelt arbeitest Du in festgelegten Zeitintervallen. Diese Intervalle sind regelmäßige Zeitabschnitte, in denen Du die Übungen durchführst.
Du beginnst mit drei Minuten Arbeit und machst anschließend eine Minute Pause. Dies wiederholst Du sechs Mal.

3 Minuten Arbeitsphase – 1 Minute Pause, das Ganze max. 6-mal in Folge.

Dieses Zeitsystem gilt für alle unsere Module – mit Ausnahme der Equikinetic®.
Bei der Equikinetic® wäre es zu anstrengend, da Dein Pferd während einer gesamten Arbeitseinheit in Dauerstellung und Biegung laufen muss. Das bedeutet, Dein Pferd läuft gestellt und gebogen, jeweils eine Minute in leichter Versammlung. Das ist anstrengend.

Aus diesem Grund beträgt das Zeitsystem hier maximal 12 Einheiten à eine Minute, mit 30 bis 45 Sekunden Pause zwischen den Einheiten.

Um sicherzugehen, dass Du die Zeiten einhältst, benutzt Du einen Timer. Dieser hilft Dir, die Arbeits- und Pausenzeiten genau einzuhalten.

Pausen zum Lernen

Während der Pausen speichert das Gehirn Deines Pferdes, was es zuvor gelernt hat. Ohne Pausen würde es vielleicht nicht alles behalten, was es während der ersten Minuten der Übung gelernt hat. Diese kurzen Pausen sind also wichtig für den Lernprozess. Außerdem bieten sie Dir und Deinem Pferd die Möglichkeit, sich kurz zu erholen und zu sortieren.

Beide Seiten gleichmäßig trainieren!

Die blau-gelbe Trainingswelt zeichnet sich dadurch aus, dass wir stets darauf achten, beide Seiten des Pferdes gleichmäßig zu trainieren. Dies fördert eine ausgewogene Entwicklung von Muskulatur, Balance und Koordination, was entscheidend für die Gesundheit und Leistungsfähigkeit Deines Pferdes ist.
Durch das gleichmäßige Arbeiten beider Körperseiten werden Dysbalancen vermieden und Dein Pferd lernt, sich in jeder Gangart sicher und stabil zu bewegen. Elementar ist der regelmäßige Handwechsel.

Körper

Regelmäßige Handwechsel sind wie gesagt elementarer Teil des Trainings. Sie sorgen dafür, dass Dein Pferd gleichmäßig auf beiden Seiten gearbeitet wird.
Dein Pferd hat eine gute und eine weniger gute Seite. Auf der guten Seite die, wie wir meinen, zu 80 % links ist, wird es sich besser anfühlen beim Longieren, Stellung und Biegung fallen ihm leichter, die Bewegungsabläufe sind flüssiger. Auf der weniger guten Seite lässt es sich nicht so gerne arbeiten, sich zu stellen und zu biegen fällt ihm schwerer.
Fällt Deinem Pferd die Stellung und Biegung nach links leichter, ist die Muskulatur auf der rechten Seite dehnfähiger und umgekehrt.

Damit Dein Pferd auf beiden Seiten gleichmäßiger bemuskelt, die Muskulatur gleichmäßig dehnfähig wird und ihm die Bewegungsabläufe auch auf der nicht so guten Seite leichter fallen, ist es zwingend notwendig, beide Seiten Deines Pferdes gleichmäßig zu trainieren.

Gehirn

Dein Pferd hat zwei Gehirnhälften wie jedes andere Säugetier auch. Die Besonderheit im Vergleich zum menschlichen Gehirn ist, dass die beiden Hemisphären des Pferdes nicht so gut vernetzt sind. Die Kommunikation untereinander ist manchmal etwas schleppend.

Die rechte Gehirnhälfte steuert die linke Körperseite und die linke Gehirnhälfte steuert die rechte. Hebst Du zum Beispiel Deinen linken Arm, gibt die rechte Gehirnhälfte den Befehl dazu. Damit Du laufen und gehen kannst, verbindet der Balken (das Corpus Callosum) die beiden Gehirnhälften. Er ermöglicht den Austausch von Informationen zwischen ihnen und verhindert, dass Du mit beiden Armen oder Beinen dieselbe Bewegung ausführst.

Das hat natürlich Folgen, die sich auf das Verhalten und den Bewegungsablauf Deines Pferdes auswirken.

Die beiden Gehirnhälften werden durch den sogenannten Balken verbunden. Dieser ist die Schaltstelle, die Informationen, die in eine einzelne Gehirnhälfte gelangt, der anderen mitteilt.

Du möchtest links aufsteigen. Diese Informationen aus Berührung, Bewegung und der ganze Ablauf wird von der rechten Hemisphäre verarbeitet.

Willst Du von rechts aufsteigen, macht das die linke Gehirnhälfte.

Leider hat aber die linke Gehirnhälfte von der rechten keine Informationen bekommen über das Satteln, sodass die ganzen Abläufe für die linke Gehirnhälfte völlig neu sind.

Das ist bei allem so, was Du mit Deinem Pferd machst.

Was Du auf der linken Seite des Pferdes machst, musst Du Deinem Pferd auch von rechts beibringen oder zeigen. Alles. Berührungen, Bewegungen und auch visuelle Eindrücke.

Augennerv

Ein dicker Nervenstrang verbindet den Augapfel mit dem Gehirn – ähnlich wie ein Kabel, sogar leistungsfähiger als ein Glasfaserkabel. Dadurch wird das, was das Auge sieht, an das Gehirn weitergeleitet. Diese Verbindung nennt man Sehnerv. Dieser teilt sich im Gehirn auf.

Beim Menschen laufen 50 % des Augennervs in die gegenüberliegende und 50 % in die gleichseitige Gehirnhälfte. Beim Menschen sorgt diese Verzweigung dafür, dass jede Gehirnhälfte exakt die Hälfte der Informationen erhält, die das Auge wahrnimmt. Der Mensch braucht nur ein Auge, um ein vollständiges Bild eines Gegenstands zu erfassen, weil der Sehnerv das Bild an beide Gehirnhälften weiterleitet.

Wenn Du zum Beispiel Dein linkes Auge schließt und einen Apfel ansiehst, wird das Bild »Apfel« über den Sehnerv in beide Gehirnhälften geleitet. Schließt Du stattdessen das rechte Auge und siehst Dir den Apfel an, passiert das Gleiche. Dein Gehirn hat das Bild, das Du zuvor mit dem rechten Auge gesehen hast, bereits abgespeichert und vergleicht es nun mit dem Bild, das Du mit dem linken Auge wahrnimmst. Du bist nicht überrascht, denn Du hast den Apfel ja schon gesehen.

Beim Pferd funktioniert dies ein wenig anders. Anders als beim Menschen teilt sich der Sehnerv ungleichmäßig. Der größte Teil des Sehnervs leitet die Informationen in die gegenüberliegende Gehirnhälfte, während nur ein kleiner Teil in die gleiche Seite geht. Dadurch erhalten die beiden Gehirnhälften nicht dieselbe Menge an Informationen – die gegenüberliegende Gehirnhälfte bekommt mehr.

Wenn das Pferd mit einem Auge einen Gegenstand sieht, wandert das Bild über den Sehnerv, der sich im Gehirn teilt, in die gegenüberliegende Gehirnhälfte. Nur ein unscharfes Abbild des Gegenstands gelangt über den kleineren Teil des Sehnervs in die Gehirnhälfte auf der Seite, wo das Auge den Gegenstand gesehen hat.
Betrachtet das Pferd den Gegenstand später mit dem anderen Auge, kann es erschrecken, da das Bild auf dieser Seite nicht klar war. Die gegenüberliegende Gehirnhälfte hat den Gegenstand also nicht vollständig wahrgenommen.

Das bekannteste Beispiel ist wahrscheinlich die Pferdedecke, die über der Bande hängt. Du reitest auf der linken Hand und bist bestimmt schon fünfmal an dieser Decke vorbeigeritten. Dein Pferd hat keinen Mucks gemacht. Doch sobald Du auf die rechte Hand wechselst, erschrickt es plötzlich beim Vorbeireiten.
Du schüttelst nur den Kopf, weil Dein Gehirn die Decke längst vollständig erfasst hat. Dein Pferd hingegen nimmt sie jetzt mit dem linken Auge zum ersten Mal richtig wahr – und in seiner Welt ist sie plötzlich ein neues, potenziell gefährliches Objekt.

Das zeigt, wie wichtig es ist, regelmäßige Handwechsel zu machen, damit das Pferd Objekte von beiden Seiten wahrzunehmen kann und solche Situationen vermieden werden können. Deshalb arbeiten wir in der blau-gelben Trainingswelt gezielt daran, die Wahrnehmung eines Pferdes auf beiden Augen zu schulen, um sein Vertrauen und seine Gelassenheit zu fördern.

Auch wenn du die Hindernisse bei EquiGym® aus verschiedenen Winkeln longierst, sieht Dein Pferd sie jedes Mal aus einer neuen Perspektive und verarbeitet sie erneut.

2. Was ist EquiGym®?

Beim EquiGym® integrieren wir Schaumstoffmatten und Schaumstoffblöcke in unsere Trainingsprogramme. Diese Matten werden zwischen die Dual-Gassen® gelegt und die Pferde werden darüber longiert oder geführt. Die Schaumstoffblöcke stellst Du ebenfalls zwischen die Hindernisse als Walk-Over, sie sind aber noch vielseitiger einsetzbar.

EquiGym® ist ein Bodenarbeitstraining. Wir würden Dir nicht empfehlen, es zu reiten.

Auch wenn das zunächst einfach klingt und die Methode tatsächlich leicht durchzuführen ist, stellt sie für die Pferde eine besondere Herausforderung dar.

Die Equimatten fordern hohe Konzentration, Balance und Koordination von den Tieren und das EquiGym® verlangt ihnen ihre volle Leistungsfähigkeit ab.

Wie kommt man eigentlich auf die Idee, Pferde über Gymnastikmatten laufen zu lassen?

Das Wissen über die Biomechanik und das neurologische System von Pferden führte uns zu innovativen Trainingsmethoden wie EquiGym®. Wir passen unser Training stets an die spezifischen Bedürfnisse der Pferde an.

Doch der eigentliche Auslöser für diese Idee war – wie so oft – eine Katze. Diese lief durch frischen Schnee und hinterließ eine interessante Spur: Nicht vier einzelne Abdrücke – einen für jede Pfote –, sondern eine einheitliche Spur, als ob alle vier Pfoten in dieselbe Linie fielen.

Da das pyramidale und extrapyramidale motorische System* (EPMS) bei Pferden und Katzen ähnlich funktioniert, überraschte uns diese Beobachtung zunächst nicht.

Dieser kleine Vorfall brachte einen neuen Gedankengang ins Rollen. Balance-Pads aus Schaumstoff, auf denen Pferde lernen, mit allen vier Hufen stillzustehen, waren bereits bekannt. Diese Übungen aktivieren die Tiefensensibilität.

Doch dann kam eine junge Stute ins Spiel, die Schwierigkeiten hatte, beim Hufegeben das Gleichgewicht zu halten. Sie inspirierte uns zu einem neuen Ansatz: Neben unserem üblichen blau-gelben Training stellten wir die Stute auf Balance-Pads. Allerdings machte

** Beide sind motorische Bahnen. Pyramidenbahnen: Bewusste Steuerung der Muskeln von der Großhirnrinde bis zu den Muskeln des Körpers und des Gesichts. Extrapyramidale Bahnen: Entstehen im Hirnstamm und führen motorische Fasern zum Rückenmark.*

Sobald Pferde gelernt haben, auf den Matten zu stehen, bleiben sie dort gerne. Auch im Stehen wird der propriozeptive Sinn angeregt.

ihre Unruhe uns schnell klar, dass das nicht funktionieren wird. Also griffen wir stattdessen zu einer Gymnastikmatte und siehe da, die Stute stand plötzlich ruhig darauf.

Das führte uns zum nächsten Gedanken: Könnte auch »Balance in Bewegung« sinnvoll sein? Wir ließen mehrere Pferde über die Matten laufen und die Ergebnisse waren erstaunlich. Die Pferde versuchten gezielt, mit den Hinterbeinen die Spur der Vorderbeine zu treffen, waren hoch konzentriert, dehnten sich nach vorne, verbesserten ihre Balance, Kadenz und liefen gerader und aktiver. Und schließlich klappte auch das Hufegeben bei der Stute.

In den folgenden Monaten hatten wir als Trainer nur eine Mission: Wir wollten die Matten an vielen verschiedenen Pferden testen. So wurde unser Training zu einem Versuchslabor. Wir konnten die erfolgreiche Entwicklung der Pferde sehen und können Dir daher EquiGym® empfehlen.

Was macht EquiGym® so effektiv?

Die Gelenke, Sehnen und die Dehnfähigkeit der Muskulatur passen sich kontinuierlich dem aktuellen Zustand Deines Pferdes an. Wenn Dein Pferd mit den Hinterbeinen nicht mehr in die Spur der Vorderbeine tritt, ein Hinterbein kürzer aufsetzt oder aufgrund von Verspannungen oder Krankheiten einen neuen Bewegungsablauf entwickelt hat, wird dieser Zustand allmählich zur Normalität für das Pferd.

Bei EquiGym® lernt das Pferd, seine Bewegungen bewusster zu koordinieren. Die Vorderbeine »denken« gewissermaßen für das Pferd und leiten die Hinterbeine an, in die Spur der Vorderhufe zu treten. Das Gehirn sendet dabei neue Signale an den gesamten Bewegungsapparat, wodurch der Bewegungsablauf neu kalibriert wird. Dies aktiviert und schult die Propriozeptoren, die für die Tiefensensibilität und das Körpergefühl verantwortlich sind.

Die Matten animieren das Pony, mit den Hinterbeinen in die Spur der Vorderbeine zu treten. Dadurch werden die Tritte länger und das Pony wird fleißiger.

Vorderbein an Hinterbein!

Die bewussten Entscheidungen, wie das Pferd über eine Dual-Gasse® tritt, trifft das Gehirn. Diese Informationen werden hauptsächlich an die Vorderbeine weitergeleitet. Das Überqueren der Dual-Gassen® ist also Aufgabe der Vorhand: Sie »scannt« ab, wie hoch, tief und breit die Gasse ist, um sicherzustellen, dass das Pferd sie nicht berührt. Sollte ein Vorderbein versehentlich auf die Gasse treten, erhält das Pferd unmittelbares Feedback: entweder »weich, kein Problem« oder »gruselig, ich muss das Bein höher heben«.

Die Hinterbeine sind an der bewussten Entscheidung, wohin das Pferd tritt, zunächst nicht beteiligt. Sie verhalten sich eher wie Waggons, die von einer Lokomotive – den Vorderbeinen – gezogen werden. Die Vorderbeine geben die Richtung vor, während die Hinterbeine folgen. Wären die Hinterbeine ebenfalls aktiv in jede Entscheidung eingebunden, wäre das für das Pferd eine enorme kognitive Herausforderung. Das würde mehr Gehirnleistung und damit Energie erfordern. Außerdem würde der Entscheidungsprozess länger dauern – und während das Pferd noch überlegt, hätte der Puma längst zum Sprung angesetzt.

Wenn ein Pferd mit den Vorderbeinen über eine Dual-Gasse® tritt, erhält das Gehirn Informationen wie »10 cm hoch, 10 cm tief und 20 cm breit«, die zunächst im Ultrakurzzeitgedächtnis gespeichert werden. »Ultrakurz« bedeutet in diesem Fall tatsächlich nur wenige Millisekunden. In diesem winzigen Moment wird die Information von den Vorderbeinen an die Hinterhand weitergegeben.
Das Gehirn »weiß« nun theoretisch: Das Hinterbein muss ebenfalls 10 cm hoch, 10 cm tief und 20 cm breit über die Gasse treten.

Diese Information wird dann ins Kurzzeitgedächtnis übertragen, das für einige Sekunden bis Minuten anhält. Damit das Übertreten jedoch langfristig und automatisch erfolgt, muss die Bewegung durch Wiederholung gefestigt und ins Langzeitgedächtnis übertragen werden.

Damit Pferde ein Hindernis erfolgreich überwinden, müssen sie es optimal wahrnehmen und sich daran erinnern können. Genau hier kommen die Dual-Gassen® und EquiGym®-Matten ins Spiel. Die Farben Blau und Gelb signalisieren dem Pferd, dass besondere Aufmerksamkeit erforderlich ist. Zusätzlich bieten die Matten durch ihre Haptik und die erzeugten Geräusche einen weiteren Vorteil, da sie mehrere Sinne gleichzeitig ansprechen.

Wenn Dein junges Pferd zum ersten Mal verladen wird und ein paar Minuten im Hänger steht, kann es sein, dass es nicht mehr heraus will. Das liegt oft daran, dass die Hinterbeine zunächst nicht »wissen«, wie sie sich bewegen sollen. Sie haben keine Information von den Vorderbeinen erhalten. Um rückwärts auf der Rampe rauszutreten, muss das Pferd bewusst

Was passiert auf den Matten?

Eine Balance- oder Sensorikmatte besteht aus nachgiebigem Schaumstoff, der mit einer Folie überzogen ist. Der Vorderhuf eines Pferdes ist mit zahlreichen Mechanorezeptoren ausgestattet, was Pferden ein besonders gutes Gefühl für den Untergrund gibt. Tritt ein Pferd auf die Schaumstoffmatte, gibt der Boden leicht nach, was möglicherweise von einem Geräusch begleitet wird. Das Pferd bemerkt jedoch schnell, dass der Vorderhuf sicher steht und nichts passiert.

Was jedoch 10 cm neben der Stelle, auf die der Vorderhuf tritt, passiert, weiß das Pferd nicht – und seine Hinterbeine schon gar nicht. Die Hinterbeine wollen keine Experimente eingehen, sondern folgen der natürlichen Tendenz, in die Spur des Vorderbeins zu treten. Dies ist ein erster Schritt, der die Geraderichtung, Balance und die Koordination zwischen Vor- und Hinterhand verbessert.

Die Hinterbeine bekommen die Information der Vorderbeine und wollen genau in deren Spur treten.

seine Hinterbeine koordinieren, was für ein unerfahrenes Pferd schwierig ist, da es noch wenig Koordination entwickelt hat. Würde das Pferd den Hänger vorwärts verlassen, wäre das Aussteigen kein Problem. Beim nächsten Versuch wird es vermutlich die Vorderbeine auf die Ladeklappe stellen, sich aber weigern, die Hinterbeine nachzuziehen. Das Pferd erinnert sich vor allem daran, dass das Aussteigen schwierig war – weniger daran, wie es seine Beine gesetzt hat.

Hier hilft nur Übung, damit das Pferd auch seine Hinterhand bewusster wahrnimmt und besser koordiniert.

Die Pferdehaltung und das Training

Heutzutage ist es längst keine Selbstverständlichkeit mehr, dass Pferde das ganze Jahr über ausreichend Auslauf haben.
Oft stehen nur das Paddock und die Halle zur Verfügung, deren Böden glatt und eben sind.
Auch Koppeln bieten kaum noch Hügel oder Unebenheiten und Matsch wird in Reiterkreisen weitgehend vermieden.
Selbst in Offen- und Aktivställen finden Pferde kaum noch Herausforderungen, da die Böden in der Regel flach und mit gelenkschonendem Belag ausgestattet sind.

Durch unterschiedliche Untergründe wird die Trittsicherheit der Pferde gefördert.

Auf den ersten Blick mag dies angenehm und verletzungspräventiv erscheinen, doch bei genauerem Hinsehen offenbaren solche Haltungsformen auch Nachteile. Deinem Pferd fehlt das notwendige Training! Zwar wird es aktuell geschont, doch es ist auf Herausforderungen im Gelände oder bei neuen Aufgaben nicht vorbereitet.

Muskulatur, Sehnen, Bänder, ja auch Knochen, Balance und Koordination entwickeln sich nur im Rahmen dessen, was Dein Pferd im Alltag bewältigt – und das ist oft zu wenig. Nicht zu vergessen, die geistige Leistung des Gehirns. Auch das funktioniert nach dem »Use it, or lose it«-Prinzip.

Um die Beine unserer Pferde zu schonen, glätten wir Reitböden und Koppeln und die Laufwege im Offenstall sind meist matschfrei und topfeben. Viele Reiter bandagieren ihre Pferde zudem vorsorglich beim Reiten, in der Annahme, dass dies die Sehnen schützt.

Besonders bei jungen oder unerfahrenen Pferden, die noch nie im Gelände waren, sind die Auswirkungen deutlich spürbar. Unter dem Sattel wirken sie oft wackelig und instabil – kein Wunder, denn der unebene Boden stellt sie vor ganz neue Herausforderungen. Jeder Schritt fühlt sich anders an und das zusätzliche Gewicht des Reiters muss ebenfalls ausbalanciert werden. Doch je öfter ein Pferd unebene Böden meistert, desto sicherer und stabiler wird es unter dem Reiter.

Training bedeutet nicht nur Bewegung, sondern auch, das Pferd gezielt herauszufordern und es auf zukünftige Belastungen vorzubereiten. Wichtig ist dabei, das Training langsam, schonend und pferdegerecht zu gestalten.

Der systematische und planvolle Aufbau der Dual-Gassen® hilft Deinem Pferd dabei, geradegerichtet, ausbalancierter und koordinierter zu werden. Unser System hat sich über Jahre bewährt. Die EquiGym®-Matten steigern und fördern diese positiven Eigenschaften.

Läuft Dein Pferd über die EquiGym®-Matten muss es mit jedem Auftreten seinen Körper ausbalancieren. Ein neues Körpergefühl entsteht.

Was wird bei EquiGym® gefördert?

- Tiefensensibilität – Propriozeption
- Balance – Koordination – Stabilität
- Dehnungsrezeptoren
- Kadenz – Schrittweite
- Geraderichtung
- Muskelaufbau
- Sehnen – Bänder – Faszien
- Konzentration – mentale Förderung

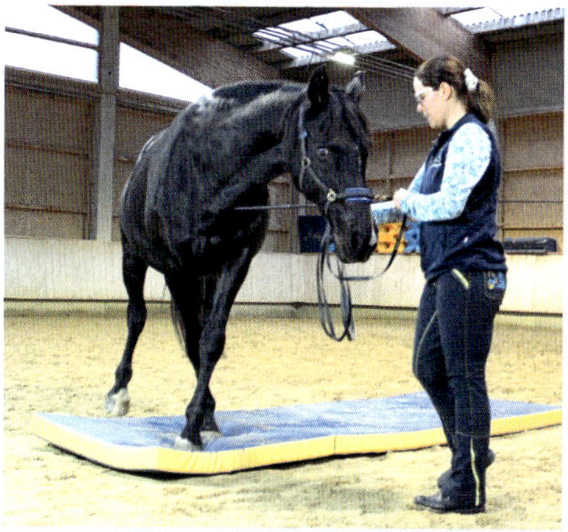

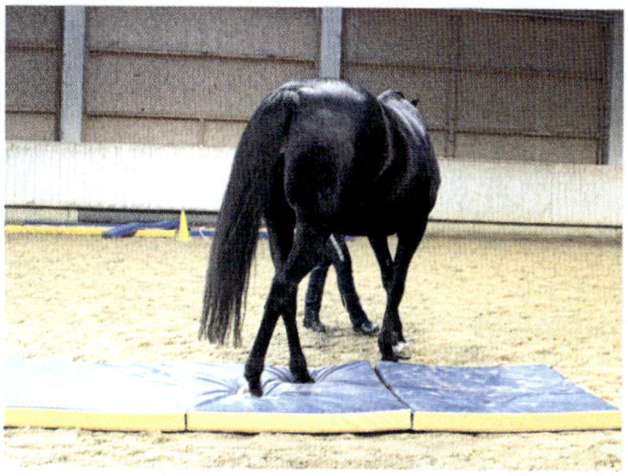

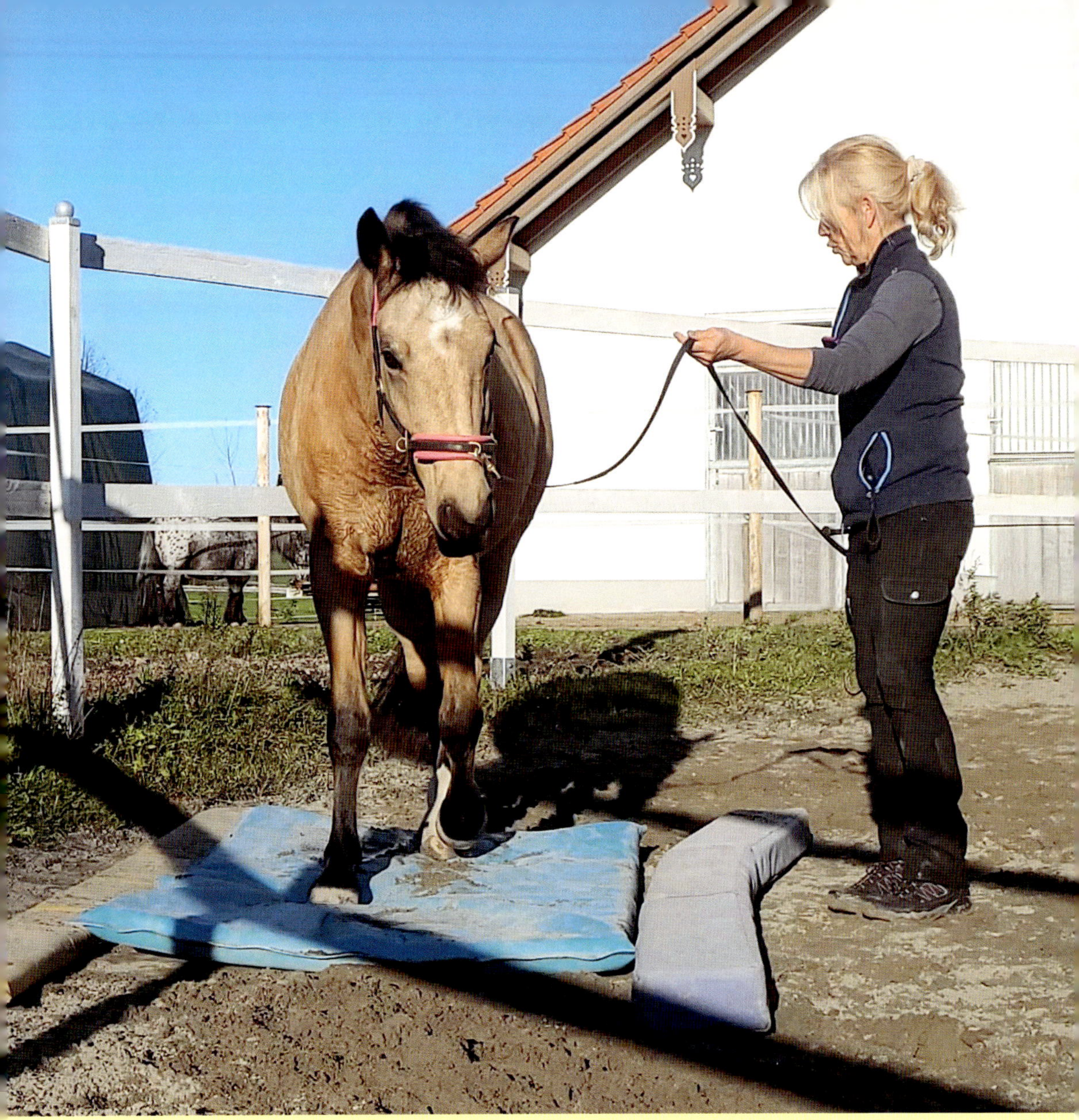

3. EquiGym® fördert Tiefensensibilität und Dehnfähigkeit

Für Dein Pferd ist schief gerade!

Dein Pferd hat eine natürliche Schiefe. Sie fußen nicht spurig, hängen wie ein Schluck Wasser in der Kurve, die Hufe sind nicht gleichmäßig belastet und die Dehnfähigkeit der Muskulatur ist nicht gleichmäßig ausgebildet auf beiden Seiten. So eiert es auf einer gebogenen Linie vor sich hin und denkt, das gehört so!
Dein Pferd denkt, es wäre gerade, zumindest sagt das Körpergefühl, dass das schief gerade ist. Geradegerichtet zu sein fühlt sich für Dein Pferd falsch an.

Zumindest machen es die Propriozeptoren Glauben, dass es so ist. Es fühlt sich für Dein Pferd richtig an!

Propriozeptoren sind sowohl für die Tiefensensibilität als auch für das Körpergefühl zuständig. Sie sitzen im ganzen Körper an Sehnen, Muskeln und Gelenken und vermitteln Deinem Pferd, dass es völlig okay ist, grottenschief auf dem Zirkel zu laufen.
Jetzt kommst Du und trainierst Dein Pferd mit EquiGym®. Du gibst den Propriozeptoren

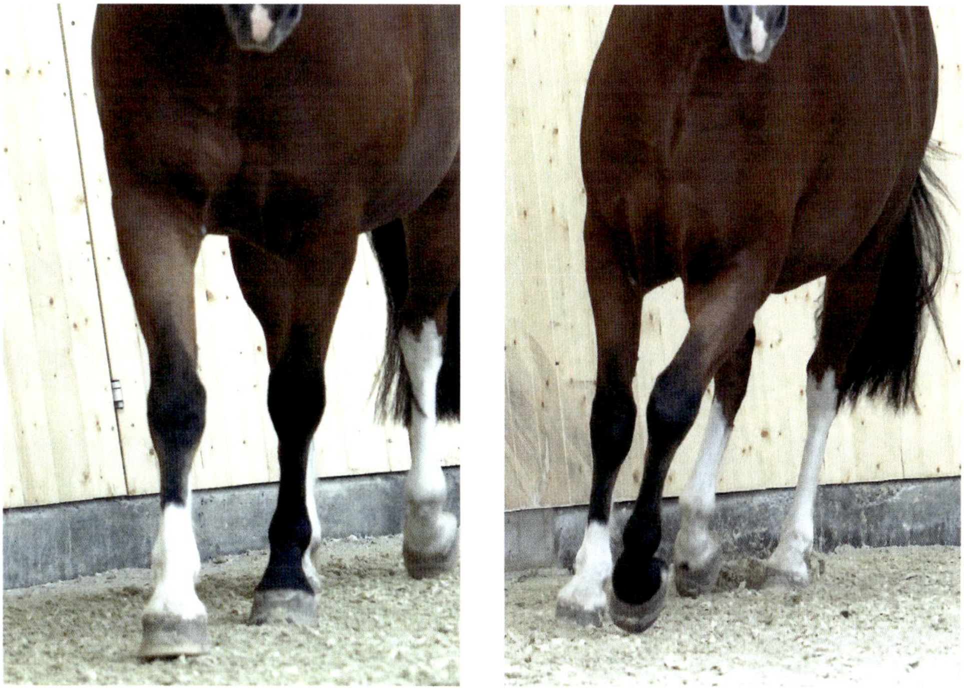

Für Dein Pferd ist es fast normal, auf der Kreislinie »schief« zu laufen. Daher müssen wir es umschulen und ihm ein neues »Gerade-Sein« beibringen.

neue Impulse. Sie werden auf »gerade« umgeschult. Durch regelmäßiges Training bekommt Dein Pferd langsam, aber sicher vermittelt, dass das »in sich geradegerichtet auf gebogener Linie, dem Hufschlag folgend ...« sich richtiger anfühlt als das vorherige Laufgefühl.

Interessant ist, dass über 80 % der eingehenden sensorischen Signale – Berührung, Temperatur, Druck, Schmerz und Propriozeption (Tiefensensibilität) – aus den Mechanorezeptoren stammen. Das Gehirn verbringt daher einen großen Teil seiner Zeit mit der Verarbeitung von Informationen zur Tiefensensibilität.

Die Tiefensensibilität ist der am häufigsten »genutzte« Sinn des Körpers. Würde das Gehirn alle Informationen bewusst verarbeiten, wäre es mit der Flut an Signalen vollkommen überfordert. Der Großteil dieser Prozesse läuft daher unbewusst ab.

Müssen Pferde sich allerdings bewusst bewegen, wird der Automatismus ausgeschaltet und die Bewegungen werden aktiv wahrgenommen. Das macht es, was die Konzentration betrifft, sehr anstrengend für das Pferd.

Ein Beispiel:
Wenn ein Pferd in seinem Komforttempo läuft, denkt es nicht darüber nach, wie es laufen muss – genauso wenig wie wir Menschen, wenn wir einfach nur gehen.
Tritt ein Pferd jedoch auf Matten, wird ihm das bewusst, allein weil sich der Untergrund deutlich verändert hat.

Die Dehnfähigkeit der Muskulatur wird durch EquiGym® gesteigert

Die Bereitschaft, sich zu dehnen, hat wohl jedes Pferd, auch wenn sie unterschiedlich ausgeprägt ist. Eigentlich. Es hängt von verschiedenen Faktoren ab, wie schnell ein Pferd bereit ist, sich zu dehnen.
Ein Faktor ist sicherlich das Gebäude eines Pferdes. Ein Pferd mit einer harmonischen Oberlinie und korrekt gewinkelter Vor- und Hinterhand findet leichter in die Dehnung als ein Pferd, das diese Voraussetzungen nicht mitbringt. Ein Pferd mit zu langem Rücken tut sich schwer und eines mit kurzem Rücken hält sich oft fest.
Ein in die Dehnung bereites Pferd wölbt seinen Hals in eine konkave Form, tritt mit den Hinterbeinen weiter nach vorne, senkt die Kruppe etwas ab, entlastet dadurch den Lendenwirbelbereich und lässt so den Impuls der Hinterhand über den Rücken nach vorne durch.

Stell Dir einen Wasserschlauch vor, in dem an beliebiger Stelle ein Knick ist – es würde kein Wasser mehr durchkommen. Es fließt nicht. Beim Pferd ist das ähnlich: Verspannungen können dafür sorgen, dass das Pferd nicht durchlässig ist und die Bewegungen nicht fließen, sprich die Muskelketten nicht ungehindert arbeiten können.

Zuhören – Der Kopf!

Ängstliche Pferde können kaum zuhören. Sie sind ständig im Fluchtmodus und ihre Mandelkerne – ein Teil des Angstzentrums im Gehirn – sind aktiv. Das blockiert den Bereich des Gehirns, der für konzentriertes Arbeiten zuständig ist. Man hat den Eindruck, dass sie regelrecht nach möglichen Gefahren suchen.

»Vertrauensvolle Zwanglosigkeit« definierte Seunig *(Waldemar Seunig-Stroblhof – ein hippologischer passionierter Meister. Sein Buch »Von der Koppel bis zur Kapriole« stammt aus dem Jahr 1943.)* als die Voraussetzung für Losgelassenheit und damit auch für die Dehnungsbereitschaft. Balance und Koordination sind dabei zwei entscheidende Faktoren, damit ein Pferd die Bereitschaft zum Mitarbeiten – und somit zur Dehnung – entwickeln kann.

Pferde laufen normalerweise keine »in sich gerade gerichteten« Kreislinien. Das müssen sie erst lernen. Üblicherweise beginnt man damit, ein junges Pferd an der Longe auf dem Zirkel zu arbeiten.

Doch genau hier fängt leider oft der Leidensweg vieler Pferde an. Ein junges oder unausgebildetes Pferd hat nicht die nötige Balance, um sicher auf einem Zirkel zu laufen. Es versucht irgendwie die Kreislinie zu halten, was nicht nur Stress verursacht, sondern auch schnell zu Verspannungen führen kann. Unausbalanciert und häufig mit zu hohem Tempo verliert es den letzten Rest an Sicherheit – für ein Fluchttier eine Katastrophe.

Es versteht sich von selbst, dass ein solches Pferd nicht bereit ist, sich vertrauensvoll an die Hand zu dehnen. Sorge also dafür, dass Dein Pferd Dir zuhören kann.

Wir unterscheiden in der Reiterei zwischen Dehnungshaltung und Aufrichtung. Ein Pferd, das schön in korrekter Aufrichtung geritten, vom Boden aus gearbeitet oder vor die Kutsche gespannt wird, sollte das Ziel sein. Oft reicht jedoch bereits eine korrekte Dehnungshaltung aus, um ein Pferd gesund zu erhalten. Ein wichtiges Ziel der Grundausbildung ist es, das Pferd in einer positiven, konvexen Spannung zu arbeiten. Dabei wird Muskulatur aufgebaut, die gleichzeitig ihre Dehnfähigkeit behält.

In der Natur sehen wir diese Haltung höchstens beim Imponiergehabe eines Hengstes.

Das Pferd in seiner natürlichen Haltung zu nutzen, ist sehr, sehr grenzwertig. Ein Pferdekörper hält das auf Dauer nicht gesund durch. Um gesund zu bleiben, braucht das Pferd eine positive Spannung – keine Verspannung.

Für den normalen Bewegungsablauf, etwa auf der Koppel, benötigt das Pferd nicht die Spannung, die es braucht, um einen Reiter zu tragen. Selbst wenn ein Pferd nicht geritten wird, profitiert es dennoch davon, gezielt gearbeitet zu werden. Eine gestärkte Muskulatur unterstützt den Bewegungsapparat und trägt dazu bei, das Pferd gesund zu halten.

Der Weg zu positiver Spannung und korrekter Haltung beginnt mit der Arbeit am Boden.

Verspannungen

Verspannungen entstehen, wenn ein Pferd keine gesunde Beweglichkeit und Muskelaktivität hat. Beispiele dafür sind Verletzungen, zu wenig Bewegung oder eine falsche Haltung des Kopfes, das Wegdrücken des Rückens aufgrund des Reiters und ähnliche Faktoren.

Wenn ein Muskel verspannt ist, verändert sich der Bewegungsablauf des Pferdes – und zwar nicht zum Guten. Ein anderer Muskel muss die Arbeit kompensieren. Dadurch können die Muskelketten nicht mehr richtig zusammenarbeiten, was zu Problemen führt. Umgekehrt können auch untrainierte oder fehlerhafte Bewegungsabläufe Verspannungen hervorrufen.

Diese Probleme treten meistens auf, wenn ein untrainiertes Pferd eine gebogene Linie gehen muss, ein Reiter darauf sitzt und das Pferd nicht geradegerichtet wurde. Zu wenig Muskulatur verschärft dieses Drama noch zusätzlich.

Ohne korrektes Training, eine gezielte Geraderichtung und eine entsprechend gut entwickelte sowie zusammenarbeitende Muskulatur kann ein Pferd solche Aufgaben nicht leisten und dabei gesund bleiben. Die meisten Probleme, die Pferde haben, entstehen durch unzureichende Muskulatur und mangelnde Dehnfähigkeit.

Auch unter dem Reiter soll das Pferd losgelassen und korrekt laufen. Es muss zuvor gelernt haben, sich selbst auszubalancieren. Das ist unerlässlich.

Die Arbeit in der blau-gelben Trainingswelt kann Deinem Pferd dabei helfen, Verspannungen zu lösen, sodass die Muskulatur wieder optimal zusammenarbeiten kann.

EquiGym® ist dabei ein hervorragendes ergänzendes Tool.

Die Muskelketten!

Die Muskeln oberhalb der Wirbelsäule nennt man die dorsale Muskelkette, und die Muskeln unterhalb der Wirbelsäule bilden die ventrale Muskelkette.

Alle Muskeln müssen reibungslos zusammenarbeiten. Ist auch nur ein Muskel verspannt, hat das Auswirkungen auf beide Muskelketten.

Ein Beispiel:

Wenn Dein Pferd im Genick einen Muskel verspannt hat, kann der lange Rückenmuskel nicht mehr vollständig aktiv arbeiten. Dadurch kann die Hinterhand nicht mehr effektiv aktiviert werden, die Bauchmuskeln arbeiten nicht richtig und der Brustkorb schwingt nicht mehr so wie er es sollte.

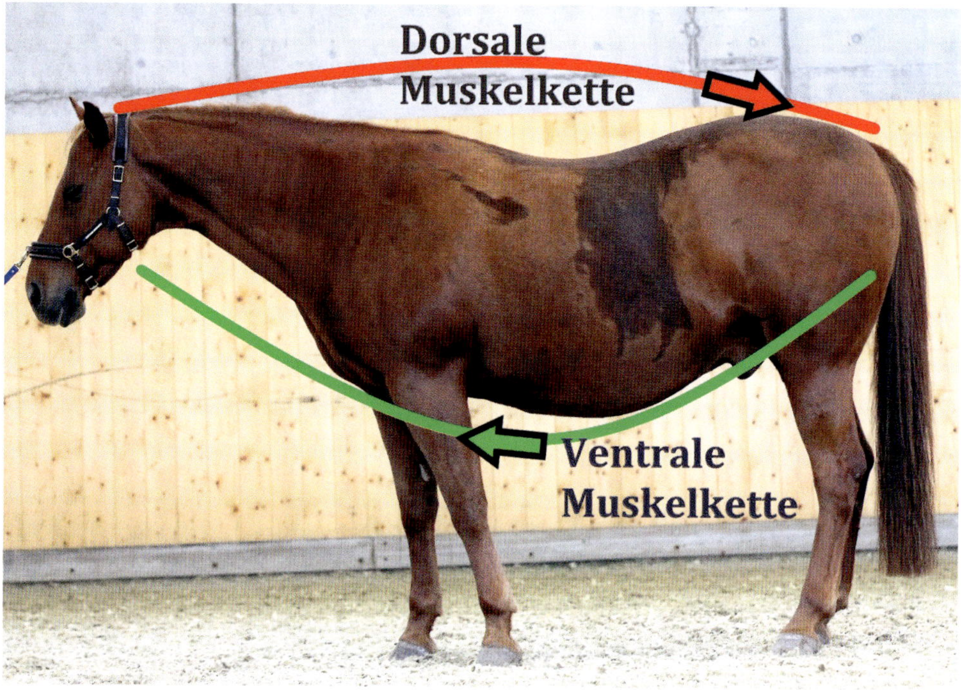

Bei diesem Pferd können die Muskelketten nicht reibungslos zusammenarbeiten. Durch zu wenig Muskulatur und zu viel Gewicht haben die Muskeln an Dehnfähigkeit eingebüßt. Wird dieses Pferd nicht gezielt gymnastiziert und läuft weiterhin in dieser Haltung, sind gesundheitliche Schäden unvermeidlich.

Warum das Pferd die Dehnung braucht

Um ein Pferd gesund zu erhalten, muss es sich der Länge nach »dehnen« können. Die aktive Hinterhand aktiviert dabei die Bauch- und Rückenmuskulatur. Der Pferdehals wölbt sich dabei in einer konvexen Spannung nach oben.

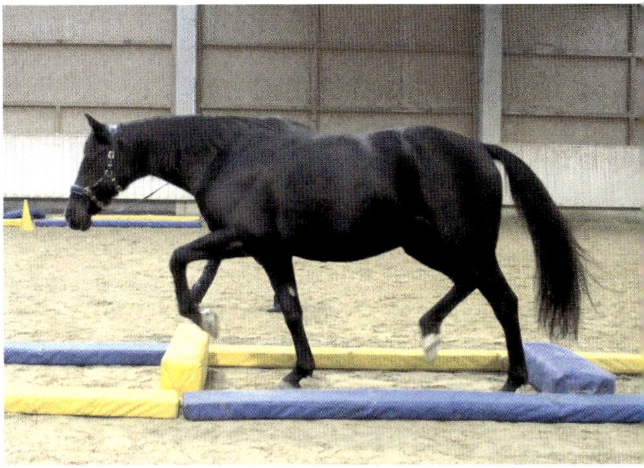

Das Pferd dehnt sich aktiv mit fleißiger Hinterhand.

Die Biegung benötigt ein Pferd besonders, wenn es sich auf einer Kreislinie bewegen oder durch Seitengänge in die Biegung gebracht werden soll. Dabei dehnt sich die Außenseite des Pferdes in der Biegung auf, während sich die Innenseite »zusammenzieht«.

Damit dies möglich ist, muss das Pferd eine gute Dehnfähigkeit der Muskulatur und auch der Bindegewebsstrukturen entwickeln.

Ist die Muskulatur jedoch nicht mehr in der Lage, sich zu dehnen, beginnt das Pferd zu kompensieren. Auf dem Zirkel kann es beispielsweise schief werden und nach innen fallen. Wenn sich die Halsmuskulatur nicht mehr dehnt, beginnt das Pferd, sich zu verwerfen. Verliert die Rumpf-, Rücken- oder Bauchmuskulatur ihre Dehnfähigkeit, drückt das Pferd den Rücken weg und ist nicht mehr in der Lage, diesen aufzuwölben.

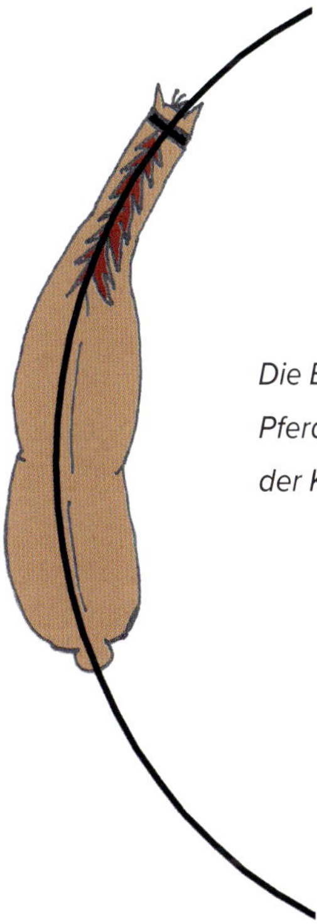

Die Biegung des Pferdes entspricht der Kreislinie.

Was ist eigentlich Dehnfähigkeit und wie entstehen Verspannungen?

Muskelspindeln sind Dehnungsrezeptoren, die sich innerhalb der Skelettmuskulatur befinden und eine Untergruppe der Propriozeptoren darstellen. Sie melden dem Gehirn, dass der Muskel sich gerade dehnt, und schützen ihn so vor Überdehnung. Daraufhin gibt das Gehirn dem Muskel die reflektorische Anweisung, sich wieder zusammenzuziehen.

Dies hilft dem Pferd, die richtige Muskelspannung für eine situationsangepasste Körperhaltung oder Stellung einzunehmen und der Schwerkraft entgegenzuwirken.

Läuft ein Pferd beispielsweise auf dem Zirkel und die äußere Muskulatur muss sich dehnen, sollten die Muskeln im Idealfall in der Lage sein, sich genau so weit zu dehnen, wie es für die Kreislinie erforderlich ist.
Läuft ein Pferd jedoch immer nur geradeaus, sind die Muskelspindeln nicht darauf vorbereitet, sich seitlich so weit zu dehnen, wie es für das Arbeiten auf einer Kreislinie nötig wäre.

Diese Dehnungsrezeptoren sind sehr empfindlich. Wenn ein Pferd krankheitsbedingt eine Woche in der Box steht, beginnen die Muskelspindeln zu degenerieren. Die Zellen verkürzen und verdicken sich, die Enden verkümmern und die Rezeptoren werden empfindlicher – allein deshalb, weil sie nicht benutzt und aktiv gehalten werden!
Wird das Pferd nach einer Woche Boxenruhe wieder bewegt, z. B. im Schritt, melden die Rezeptoren ans Gehirn, dass der Muskel gerade zu stark gedehnt wird. Das Gehirn reagiert darauf, indem es den Muskel reflexartig zusammenziehen lässt.
Die Folge: Das Pferd bewegt sich zwar im Schritt, doch die Muskeln dehnen sich nicht so, wie es für diese Gangart nötig wäre. Mit der Zeit führt diese chronische Muskelanspannung zu blockierten Gelenken.

Die Rezeptoren rund um die betroffenen Gelenke werden weniger aktiv und senden deutlich weniger Informationen ans Gehirn, als wenn die Gelenke normal beweglich wären. Die Dehnfähigkeit der Muskulatur geht verloren und das Pferd entwickelt Schmerzen.

Jetzt kommen auch noch Schmerzrezeptoren ins Spiel. Akuter, heftiger Schmerz ist grundsätzlich sinnvoll, da er den Körper vor weiteren Schäden schützt. Doch wenn die Dehnungsrezeptoren weniger Informationen an das Gehirn senden, haben die Schmerzrezeptoren »freie Bahn«, um vermehrt Signale ans Gehirn zu übermitteln. Der Schmerz überwiegt also.

Was macht das Pferd?

Es beginnt zu kompensieren. Der Muskel, der schmerzt, wird nicht mehr belastet – stattdessen übernimmt ein anderer Muskel mehr Arbeit. Man kann sich leicht vorstellen, dass diese ständige Kompensation auf Dauer zu schmerzhaften Verspannungen führt. Ein verspannter Muskel kann sich nicht mehr dehnen. Ohne Dehnung ist es dem Muskel nicht möglich, zu wachsen. Mit der Zeit kann er sogar atrophieren – das bedeutet, er bildet sich zurück. Im schlimmsten Fall stirbt Gewebe ab.

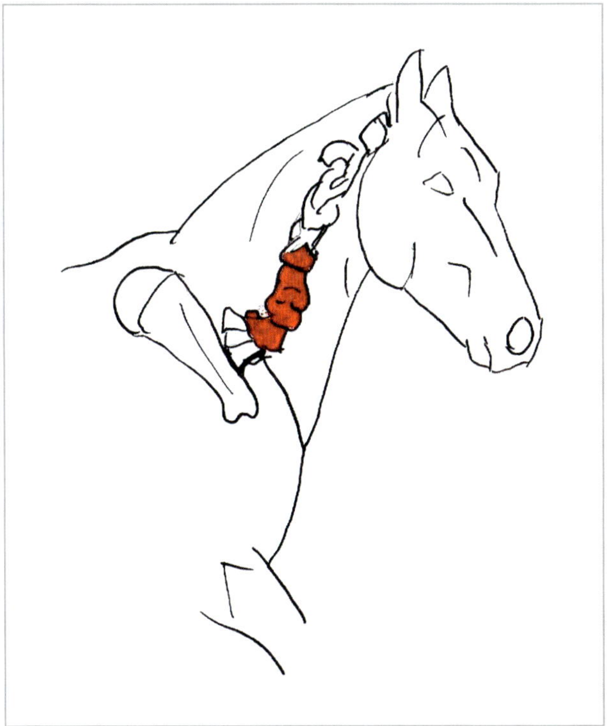

Wird ein Pferd nicht korrekt ausgebildet, können sich vor allem an den unteren Halswirbeln arthrotische Veränderungen entwickeln.

Betrachten wir als Beispiel die Halswirbelsäule des Pferdes:

Sie verläuft fast S-förmig durch den Pferdehals. Bei einer zu hohen Kopf-Hals-Haltung stauchen sich der fünfte bis siebte Halswirbel zusammen, wodurch der Abstand zwischen den Wirbelkörpern verkleinert wird.

Bei einer solchen anhaltend hohen Aufrichtung melden die bereits degenerierten Muskelspindeln, dass jede Dehnung – nach vorne oder lateral – zu viel ist. Das Gehirn gibt daraufhin den Muskeln den Befehl, sich zurückzuziehen. Dadurch leidet die Dehnfähigkeit der Muskulatur und das Pferd möchte sich weder seitlich noch nach unten dehnen.

Wird an dieser Kopf-Hals-Haltung nichts geändert und das Pferd nicht gedehnt, verkleinert sich der Abstand zwischen den Wirbelkörpern weiter. Die Wirbel stehen schließlich zu eng beieinander. Die Folgen können arthrotische Veränderungen, Entzündungen oder sogar eingeklemmte Nerven sein.

4. Kadenz und Schrittweite

Wir beschreiben Kadenz so:

Kadenz bedeutet, in welchem Maße Dein Pferd seine Hufen vom Boden lösen kann, wie hoch und nach vorne es die Beine bringt und wie es dabei im Takt bleibt.

Zunächst einmal ist das angeboren bzw. angezüchtet. Ein Schwarzwälder Kaltblut hat wahrscheinlich nicht die Kadenz eines Iberischen Pferdes.

Manche Pferde haben flache Gänge und manche scheinen ihre Beine nur in der Luft zu haben. Bei Letzteren haben wir dann eher das Problem, dass diese Pferde Probleme mit der Koordination haben.

Jedes Pferd hat sein eigenes Gangmuster.

Unter anderem gibt es die sogenannten **»Schlurfis«** – Pferde, die unabhängig von Rasse oder Veranlagung ihre Beine durchaus höher anheben könnten, es aber nicht tun. Die Gründe dafür können vielfältig sein.

Zudem unterscheidet man verschiedene Typen:

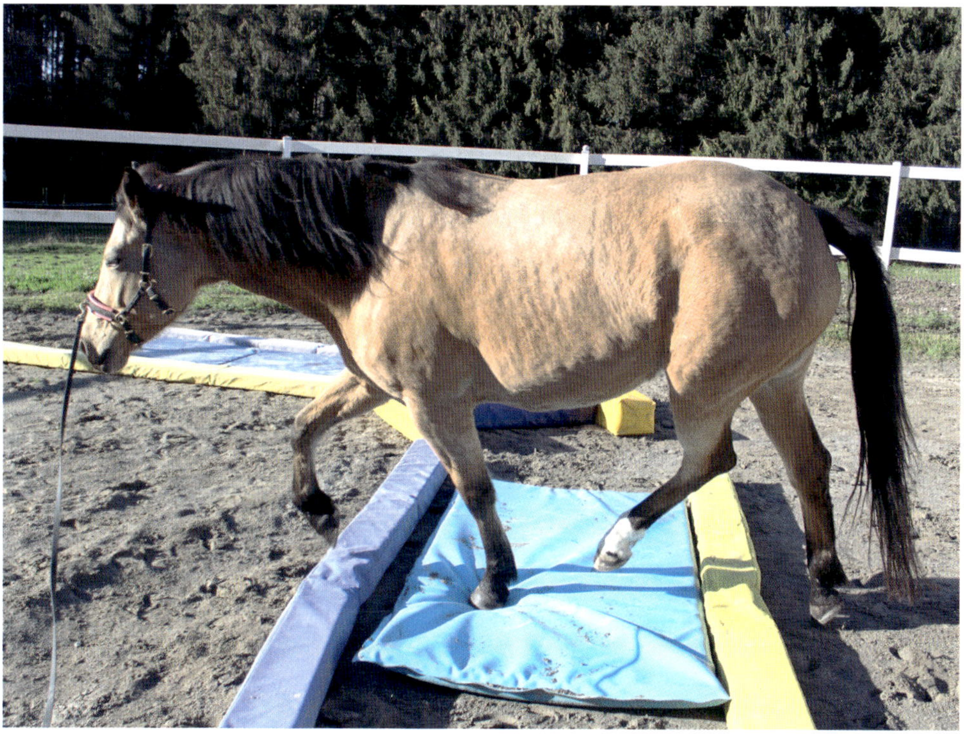

Die Beine wollen schnell wieder von den Matten herunter, was die Pferde dazu animiert, sie höher anzuheben. Ähnlich wie beim Treten in Matsch – der »Matscheffekt«.

Der »Ich könnte, aber es ist anstrengend«-Typ

Diese Pferde zeigen nur den nötigsten Bewegungsablauf – aus reiner Energiesparlogik und weil mehr Einsatz schlicht anstrengend ist. Mit gezieltem Training, das Kraft und Muskulatur aufbaut, können diese Pferde jedoch oft ihre wahren Gangqualitäten entfalten und beeindruckende Bewegungen zeigen.

Der »Ich bin nicht dressurgezogen«-Typ

Auch Pferde wie das Quarter Horse, das nicht für die Dressur gezüchtet wurde, sind in der Lage, ihre Kadenz zu entwickeln und zu verbessern. Natürlich wird ein Quarter Horse in den meisten Fällen keinen Dressur-Grand Prix laufen – aber das ist auch nicht nötig. Vielmehr ist es eine Frage des Trainings, die Kadenz individuell zu fördern und zu optimieren.

In den Vorderhufen Deines Pferdes befinden sich viele Rezeptoren.
Es scannt geradezu mit den Hufen den Untergrund ab.

Tritt Dein Pferd auf die Matten, veranlassen diese Rezeptoren es dazu, seine Beine etwas höher zu nehmen.

Ich bin ein Friese! Vorne »Wow«, hinten »Na ja«

Wir haben nichts gegen Friesen – im Gegenteil! Sie sind beeindruckende, wunderschöne Pferde. Ein lackschwarzer Friesenhengst mit »Wallemähne« hat definitiv etwas Majestätisches an sich.
Ursprünglich wurden Friesen jedoch nicht als Reitpferde gezüchtet, sondern eher als prächtige Zugpferde, die eine Kutsche stilvoll in Szene setzen sollten. Und in dieser Rolle strahlen sie Eleganz und Anmut aus.

Das bedeutet aber keineswegs, dass Friesen sich nicht gut bewegen oder keine kraftvolle Kadenz in der Hinterhand entwickeln können. Mit dem richtigen Training können auch sie beeindruckende Bewegungsabläufe zeigen – es braucht nur ein wenig mehr Arbeit.

Wir haben die »Hintenrausläufer«

In diese Kategorie fallen zum Beispiel die Friesen, aber es gibt auch Pferde, bei denen das am Anfang nicht erwartet wird.

Junge Pferde mit gutem Dressurpedigree, deren Eltern »Von und Zu« sind, laufen zu Beginn ihrer Ausbildung nicht immer so, als wollten sie den nächsten Grand Prix gewinnen. Die

Hinterhand tritt nicht in guter Kadenz nach vorne; stattdessen tritt der Youngster nicht aus der Schulter heraus, sondern schmeißt die Beine eher nach hinten weg. Warum? Nicht, weil das Pferdchen nicht das Zeug dazu hätte, sondern weil es kraftsparender ist.

Wir haben aber auch ...

... die Pferde, die von Haus aus schon schöne, korrekte Gänge und eine gute Kadenz haben. Diese Pferde können wir mit EquiGym® sogar noch weiter verbessern.

EquiGym® kann Deinem Pferd helfen, die Kadenz zu steigern und die Beine besser zu koordinieren.

Schlurfende Hinterhand

Dein Pferd schlurft nicht nur weil es einen angeborenen Schlurfgang hat.
Es gibt viele mögliche Ursachen dafür, dass es die Hufe nicht richtig vom Boden hebt – sei es durch Schmerzen, wie etwa bei Spat, oder durch eine unzureichende Muskulatur.

Unabhängig von der Ursache kannst Du durch gezieltes Training die Beweglichkeit Deines Pferdes deutlich verbessern.

Der Einsatz der Matten und Gassen regt Dein Pferd dazu an, die Beine höher zu heben. Für Pferde, die bereits so weit sind, dass sie ihre Zehen abnutzen, weil sie die Beine kaum noch anheben, ist es schon ein guter Anfang, wenn sie über die Matten gehen, ohne zu schlurfen.

Durch konsequentes Training werden die Dehnungsrezeptoren sowie die Muskulatur gezielt aktiviert. Muskulatur baut sich auf, wenn sie entsprechend gefordert wird – je regelmäßiger das Training, desto stärker die Entwicklung!
Auch die Beweglichkeit der Gelenke kann sich auf diese Weise nachhaltig verbessern.

Schrittweite

Mit Schrittweite beschreiben wir den Abstand, den ein Pferd innerhalb einer Gangart zurücklegt. Wenn Dein Pferd im Schritt mit dem linken Vorderhuf auftritt, wird der Abstand zum Abdruck desselben Hufes einen Schritt weiter gemessen.

Die Schrittweite ist individuell

Die Rasse und das Exterieur beeinflussen die Schrittweite enorm. Ein Pferd mit einer langen Schulter und gut gewinkelter Hinterhand hat von Natur aus mehr Schrittweite als ein Pferd mit kurzen Beinen und einer steilen Schulter.
Pferde mit kompaktem Körperbau, wie etwa Fjordpferde, haben ebenfalls eine kürzere Schrittweite als dressurgezogene Warmblüter.

So weit, so gut. Läuft Dein Dressurpferd aber mit verkürzten Schritten, hilft auch das »Von und Zu« nichts. Oft schwingen solche Pferde nicht geschmeidig durch den Körper. Ursachen dafür sind mangelnde Dehnfähigkeit oder Dysbalancen in der Muskulatur. Diese Pferde können ihr volles Potenzial nicht entfalten. Der Schritt sollte gleichmäßig und raumgreifend sein.
Fleißig bedeutet nicht immer nur schneller. Auch der Trab sollte aus rhythmischen, elastischen Bewegungen bestehen, bei denen die Hinterhand nach vorne tritt.

Übrigens:
Versammlung geht auf Kosten der Schrittweite, doch das sollte man hier nicht verwechseln. In der Versammlung tritt das Pferd mit gesenkter Kruppe zwar kürzer, doch die Hanken beugen sich, und das Pferd tritt weiterhin aktiv nach vorne. Das ist anstrengend und fördert daher den Muskelaufbau noch effektiver.

Tritt Dein Pferd also auf den EquiGym®-Matten mit den Hinterbeinen in die Spur der Vorderhufe und senkt dabei die Kruppe leicht ab, hast Du bereits eine leichte Versammlung erreicht.

Und wie kannst Du die Schrittweite Deines Norwegers verbessern?

EquiGym® – Für jedes Pferd geeignet

Es ist nicht so, dass diese Pferde nicht in der Lage wären, eine größere Schrittweite zu entwickeln. Sie tun sich nur etwas schwerer.

Nichtsdestotrotz können auch kompaktere Pferde eine akzeptable, sogar hervorragende Schrittweite erlangen.

Pferde bemühen sich, mit den Hinterbeinen in die Spur der Vorderbeine zu treten. Dies führt zu einer verbesserten Schrittweite.

Für alle Pferde gilt: Verspannungen, unzureichender Muskelaufbau und Übergewicht sind die größten Feinde einer guten Schrittweite. Die Schrittweite kann ein Indikator für den gesundheitlichen Zustand und die Leistungsfähigkeit Deines Pferdes sein. Sie ist eine direkte Folge von körperlichem Zustand, Losgelassenheit und Bewegungsvermögen.

EquiGym® fördert die Losgelassenheit, Geraderichtung und Dehnbereitschaft Deines Pferdes und unterstützt gleichzeitig effektiv den Muskelaufbau.
Egal, ob Du einen Norweger, einen Friesen, ein Shetty oder einen Warmblüter besitzt – EquiGym® ist für alle Rassen ideal.

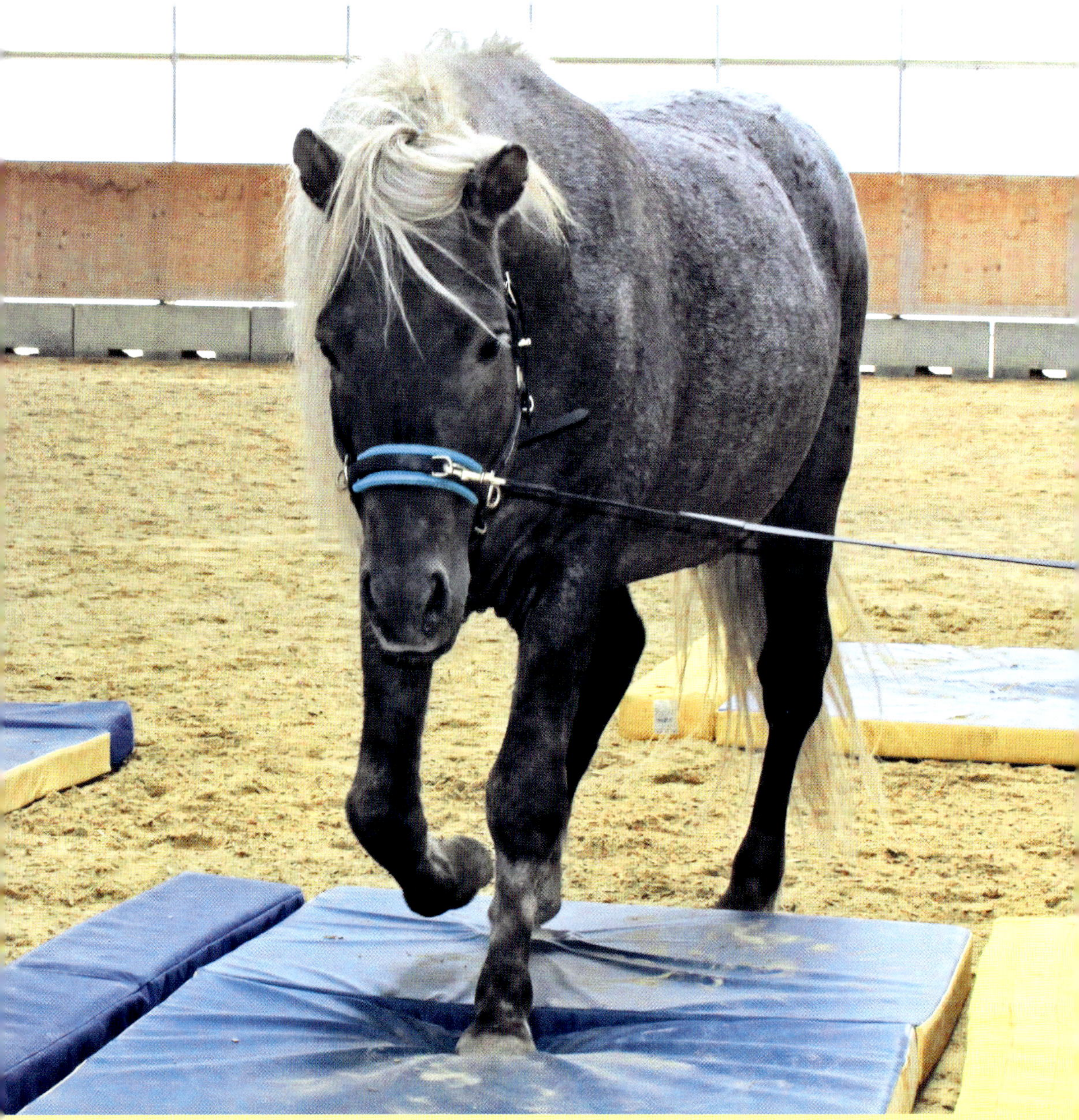

5. EquiGym® unterstützt das Geraderichten

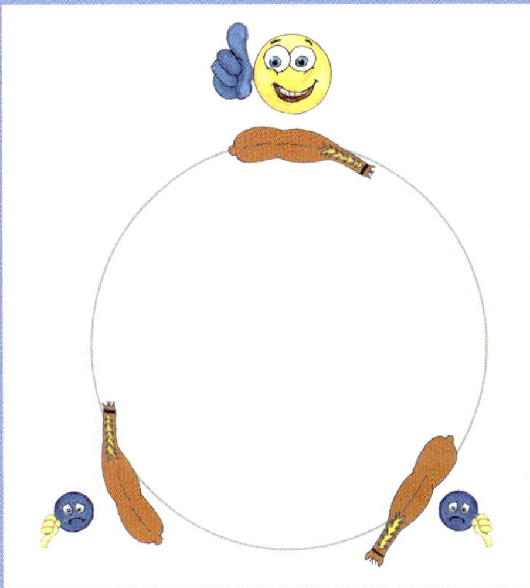

Ohne Geraderichtung kein gleichmäßiger Muskelaufbau

Ein Pferd, das nicht geradegerichtet ist, entwickelt zwangsläufig Verspannungen. Je stärker die Schiefe ausgeprägt ist, desto größer sind die daraus resultierenden muskulären Dysbalancen.

Pferde müssen geradegerichtet werden.

Da stellt sich die Frage: »Wieso? Sind sie denn schief?« Ja, das sind sie.

Pferde benötigen einen gleichmäßig ausbalancierten Körper, damit die Muskeln auf beiden Seiten gleichmäßig wachsen können.

Dein Pferd muss auf einer Kreislinie, etwa einer Volte oder einem Zirkel, genauso gleichmäßig laufen wie geradeaus. Auf der Kreislinie sollte Dein Pferd tatsächlich auf dem Kreis laufen und nicht mit der Hinterhand oder dem Kopf außerhalb der Kreislinie geraten. Beim Geradeauslaufen sollte Dein Pferd so laufen, als wäre die Linie, auf der es geht, mit einem Lineal gezogen. Die Spuren der Hinterhufe sollten dabei mindestens in die Spuren der Vorderhufe treten.

Dein Pferd sollte außerdem beide Seiten seines Körpers gleich gut dehnen können. Wenn es auf einem Kreis läuft, wird die äußere Seite stärker gedehnt als die innere. Lässt Du das Pferd anschließend in die andere Richtung laufen, muss sich die neue äußere Seite genauso gut dehnen können.

Hat Dein Pferd auf beiden Seiten unterschiedlich starke Muskeln, hat es auch unterschiedlich viel Kraft. Besitzt es zum Beispiel auf der linken Seite mehr Muskeln, verfügt es auf der rechten Seite über weniger Kraft. Das sollte jedoch nicht der Fall sein – beide Seiten sollten gleich stark sein.

Wenn Du die Hufabdrücke im Sand betrachtest, sollten diese gleichmäßig tief in den Boden gedrückt sein. Sind sie an einer Stelle tiefer, belastet Dein Pferd seinen Körper nicht gleichmäßig.

Kapitel 5

Pferde sind auf unterschiedliche Weise schief

1. Die Hinterhand ist im Verhältnis zur Vorhand verschoben. Die Spuren der Hinterhufe sollten in einer Linie mit den Spuren der Vorderhufe liegen und nicht links oder rechts davon abweichen.

2. Dein Pferd kann sich auf einer Seite des Zirkels schlechter dehnen als auf der anderen.

3. Es hat auf einer Seite weniger Muskeln und dadurch weniger Kraft.

4. Die Hufspuren sind ungleichmäßig tief in den Boden gedrückt.

Wie kannst Du Deinem Pferd helfen?

Um Deinem Pferd das Geradeauslaufen beizubringen, sollte es Kurven laufen, also Volten und Zirkel. Dabei lernt es, wie es am bequemsten durch eine Kurve kommt.
Schief wie ein Motorradfahrer zu laufen, ist für Dein Pferd unangenehm. Auf einer Volte kannst Du ihm zeigen, wie es bequem und »gerade« läuft.

EquiGym® unterstützt das Geraderichten Deines Pferdes, da die Hinterbeine unbedingt in die Spur der Vorderbeine treten möchten. Es bemüht sich, nicht daneben zu treten, wodurch das Geraderichten gefördert wird.

Für die Korrektur der Schiefe sind die **EquiGym®-Matte** und die Arbeit in der **Quadratvolte** als Equikinetic® ideal geeignet.

Aber auch die anderen Übungen bestehen oft aus gebogenen Linien und den regelmäßigen Handwechseln, die das Geraderichten unterstützen.

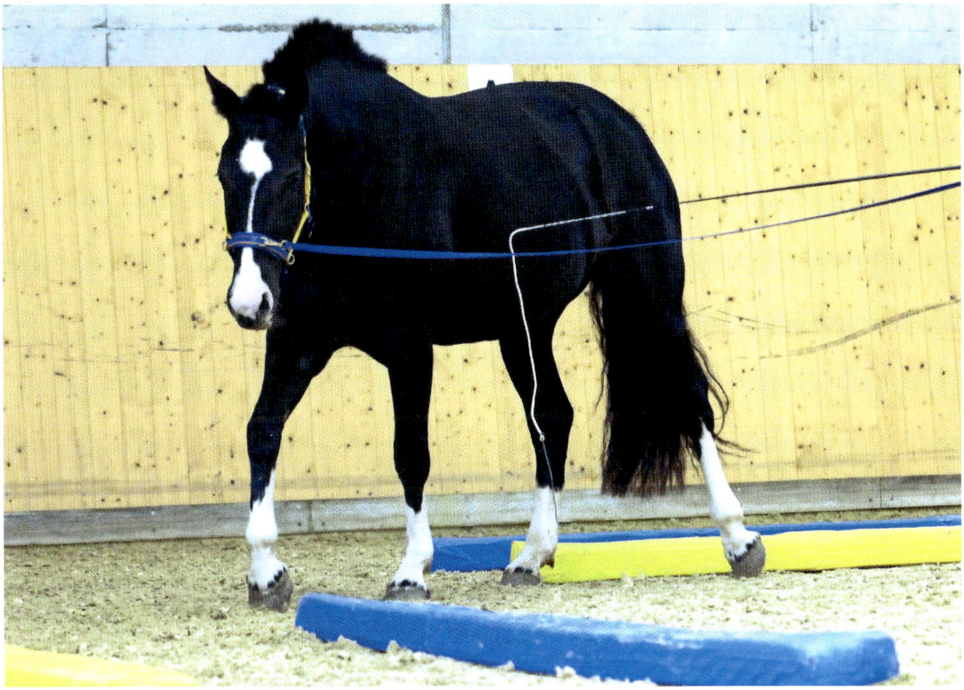

Um ein Pferd geradezurichten, benötigt es Biegung. Die Quadratvolte ist dafür wie geschaffen.

Gebogene Linien sind anstrengend für Dein Pferd. Bei EquiGym® wechselst Du zwischen Biegung und Geradeaus.

6. Muskelaufbau, Sehnen, Bänder und Faszien

Effektiver Muskelaufbau mit aktivierten Dehnungsrezeptoren

Wie bereits erwähnt, führt mangelnde Muskelaktivität durch inaktive Dehnungsrezeptoren zu eingeschränkter Leistungsfähigkeit. Dabei sind diese Rezeptoren essenziell, da sie dem Muskel erlauben, sich zu dehnen und aktiv zu arbeiten. Nur eine arbeitende Muskulatur kann wachsen.

Um Dein Pferd reiten zu können und es bis ins hohe Alter fit zu halten, ist eine gut entwickelte Muskulatur unerlässlich. Dafür ist regelmäßiges und gezieltes Training notwendig.

EquiGym® bietet ein anspruchsvolles Training, das die Dehnungsrezeptoren der Muskulatur aktiviert und Dein Pferd gezielt arbeiten lässt. Das Training mit **Equikinetic**®, kombiniert mit zwei ausgelegten EquiGym®-Matten, ist zwar anstrengender als ohne, fördert aber auch den Muskelaufbau deutlich effektiver.

Sehnen

Ein angemessener Belastungszug ist notwendig, um das Wachstum und die Anpassung von Sehnen zu fördern. Auch hier gilt das Prinzip: »Use it or lose it«.

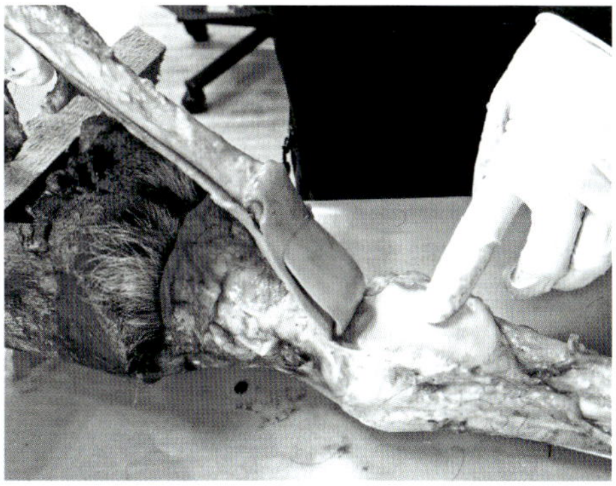

Pferdesehnen sind belastbar, müssen jedoch entsprechend trainiert werden. Eine gewisse Belastung ist dafür notwendig. Fehlt diese, können unebene Untergründe problematisch werden.

Belastungszug – Wichtig für das Sehnenwachstum

Sehnen sind, genau wie Muskeln und Knochen, anpassungsfähig. Sie benötigen einen gezielten und dosierten Belastungszug, um ihre Struktur zu stärken und Wachstum zu fördern. Ohne regelmäßige Belastung bleiben Sehnen unflexibel, weniger belastbar und anfälliger für Verletzungen. Die Belastung erzeugt mechanische Reize, die den Stoffwechsel in den Sehnen anregen. Dies fördert die Produktion von Kollagen, dem Hauptbestandteil von Sehnen, und stärkt die Sehnenstruktur.

Für Dein Pferd bedeutet das:

Gezielte Belastung (z. B. durch Training mit korrektem Bewegungsmuster) ist entscheidend, um die Belastbarkeit der Sehnen zu erhöhen.

EquiGym® sorgt für einen schonenden Belastungszug und fördert die langfristige Gesundheit und Anpassung der Sehnen.

Was sind Bänder?

Bänder verbinden Knochen miteinander und stabilisieren Gelenke. Sie bestehen, wie Sehnen, hauptsächlich aus Kollagen und elastischen Fasern. Dadurch bleiben sie stark und stabil. Sehnen benötigen aufgrund ihrer geringen Durchblutung viel Zeit, um zu regenerieren. Bänder haben jedoch eine noch geringere Durchblutung und brauchen deshalb noch länger für die Regeneration.

Ohne regelmäßige Belastung verlieren Bänder an Festigkeit und Elastizität, was die Stabilität der Gelenke gefährdet, und das Verletzungsrisiko erhöht. Gezieltes Training erhöht dagegen die Elastizität, was wiederum vor Überdehnung und Verletzungen schützt.

Während Belastung wichtig ist, kann übermäßiger Zug (z. B. durch extreme Bewegungen oder Überforderung) zu Verletzungen wie Bänderrissen oder Überdehnungen führen. Daher sollte jedes Training immer kontrolliert und auf den Trainingszustand Deines Pferdes abgestimmt sein.

Wie lange eine Bänderüberdehnung dauert, weißt Du vielleicht aus eigener Erfahrung oder aus Deinem Bekanntenkreis.

Individuell angepasstes Training fördert also nicht nur die Gesundheit der Sehnen, sondern auch der Bänder und trägt langfristig zur Stabilität und Leistungsfähigkeit Deines Pferdes bei.

Gerade bei Pferden mit Kniebandproblemen kann EquiGym® wertvolle Dienste leisten. Es stabilisiert nicht nur die Bänder, sondern fördert auch den Aufbau der dazugehörigen Muskulatur.

Und dann noch die Faszien ...

Über Faszien bzw. fasziales Gewebe könnte man ein komplettes Buch schreiben. Auch Faszien müssen gearbeitet werden, um flexibel und funktionsfähig zu bleiben.

Bei zu wenig Bewegung oder einseitiger Belastung können Faszien verkleben, was die Beweglichkeit einschränkt und Schmerzen verursacht. Belastungszug kann solche Verklebungen lösen und dafür sorgen, dass die Faszien reibungslos funktionieren.

Faszien sorgen dafür, dass sich Dein Pferd geschmeidig bewegen kann. Sie übertragen Kräfte zwischen Muskeln und anderen Körperstrukturen. Ohne angemessenes Training kann dieses Netzwerk, das den gesamten Pferdekörper durchzieht, nicht mehr effizient arbeiten.

Das Training mit den EquiGym®-Matten erzeugt den notwendigen Belastungszug in die Bewegungsrichtung, die für eine gesunde Anpassung der Faszien benötigt wird. Dadurch können sich die Faszien entsprechend anpassen und optimal arbeiten.

Lässt Du Dein Pferd stehen und trainierst es nicht regelmäßig und gleichmäßig, können Faszien verkleben. Dies hat zur Folge, dass die Bewegungen eingeschränkt werden und Schmerzen entstehen können. Dein Pferd »versteift«, und dadurch erhöht sich auch die Verletzungsgefahr. Durch die ungleichmäßige Kraftübertragung können sich Probleme im gesamten Bewegungsapparat Deines Pferdes entwickeln.

Durch EquiGym® trainierst Du das fasziale Gewebe mit. Das ist genauso wichtig wie das Training von Muskeln, Sehnen und Bändern. Die regelmäßigen Handwechsel sorgen dafür, dass auch die Faszien geschmeidig bleiben. Beweglichkeit, Leistungsfähigkeit und das Wohlbefinden Deines Pferdes werden gefördert.

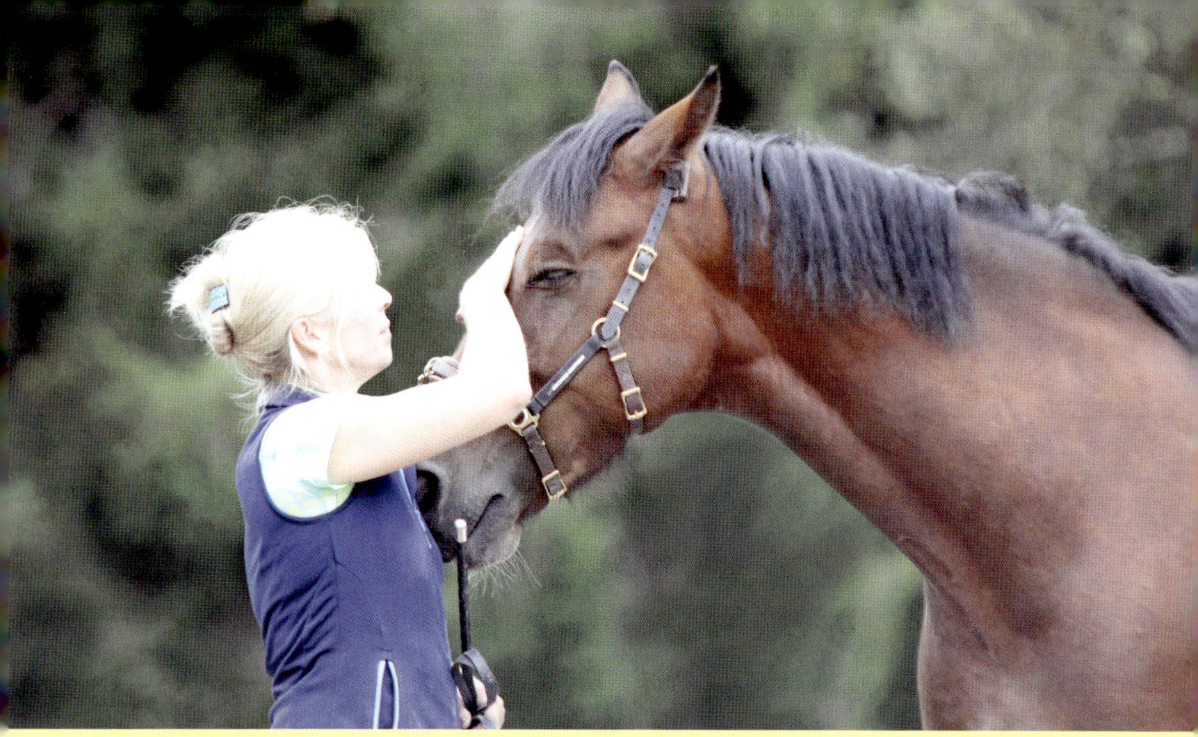

7. Konzentration und Mentale Förderung

Holla die Waldfee – ganz schön anstrengend! Wenn es eine Sache gibt, bei der Dein Pferd richtig gefordert wird, dann ist es die Konzentration – vor allem mit EquiGym®! In der blau-gelben Trainingswelt legen wir von Haus aus großen Wert darauf, den Fokus Deines Pferdes zu fördern. Ohne Konzentration geht schließlich gar nichts.

Doch mit EquiGym® setzen wir noch einen drauf: Die EquiGym®-Matten animieren Dein Pferd zusätzlich dazu, aufmerksam zu sein. Das hat nachweislich positive Effekte auf die mentale Stärke Deines Pferdes.

Aber warum ist das so?

Ein Blick ins Gehirn

Im Gehirn gibt es spezielle Bereiche, die Angst und Stress regulieren – die sogenannten Mandelkerne, die Amygdala (oder auf schlau plural Amygdalae). Diese kleinen Strukturen in jeder Gehirnhälfte aktivieren bei Stress die Nebennierenrinde, die dann Stresshormone wie Adrenalin ausschüttet. Je stärker der Stress oder die Angst, desto aktiver feuern die Neuronen in den Mandelkernen.

Das Problem:

Je häufiger Dein Pferd Angst hat, desto mehr wird dieses Areal im Gehirn genutzt – und das führt dazu, dass die Mandelkerne »wachsen«. Das macht Dein Pferd noch anfälliger für Stresssituationen. Das kann sich bis zu einem unkontrollierbaren Zustand steigern, den wir als »Red Zone« bezeichnen – den absoluten Panikmodus.

Aber zum Glück gibt es einen Gegenspieler, der helfen kann: Konzentration.

Konzentration als Schlüssel

Konzentration fordert ein anderes Gehirnareal heraus, das die Aktivität der Mandelkerne herunterreguliert. Sobald Dein Pferd sich konzentriert, feuern die Neuronen in diesem Bereich intensiver als in den Mandelkernen.

Das Ergebnis? Dein Pferd empfindet weniger Angst und Stress.

Und das Beste:

Je häufiger Dein Pferd sich konzentrieren kann, desto »größer« wird dieser Bereich im Gehirn. Gleichzeitig »schrumpfen« die Mandelkerne – Dein Pferd wird ruhiger und weniger schreckhaft.

Kleiner Haken:

Pferde können sich nur begrenzte Zeit am Stück konzentrieren. Deshalb arbeiten wir bei EquiGym® mit gezielten Zeitintervallen, Pausen und einer klaren zeitlichen Höchstgrenze.

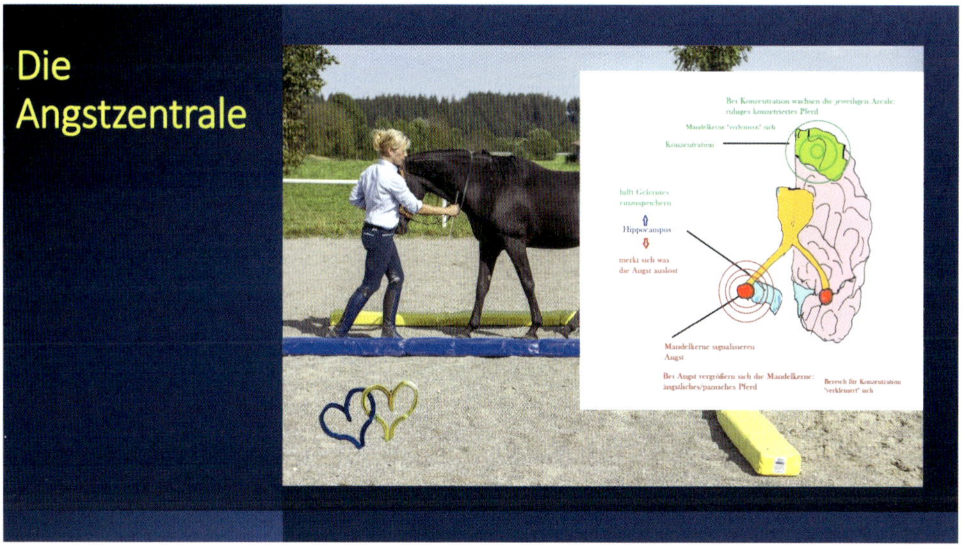

Kapitel 7

8. Warum EquiGym® so effektiv ist

Bei EquiGym® wird Dein Pferd auf allen Ebenen gefordert.
Die Matten sind nicht nur sichtbar, sondern auch fühlbar – Dein Pferd muss diese neuen Reize erst einmal verarbeiten und gleichzeitig mit visuellen Eindrücken kombinieren.

Hinzu kommen abwechslungsreiche Übungen, die Balance, Koordination und die Aufmerksamkeit fördern:
Parcours bestehend aus verschiedenen Tools wie blau-gelbe Gassen, Pylonen und EquiGym®-Blöcke.

Was bedeutet das für Dein Pferd?

- **Rechts, links, drüber:** Dein Pferd lernt, sich besser zu koordinieren und balancieren. Gut koordinierte und balancierte Pferde sind weniger ängstlich!
- **Neue Reize:** Die Matten sorgen für intensives Training der Sinneswahrnehmung.
- **Mehr Fokus:** Dein Pferd wird motiviert, konzentriert zu arbeiten.

Das Ergebnis?

Ein mental gefördertes, weniger ängstliches und selbstbewussteres Pferd.

Gewöhnung

Es tritt keine dauerhafte Gewöhnung ein, wenn Du Dein Pferd über die Matten arbeitest. Das bedeutet, dass Dein Pferd weiterhin die gewünschten Effekte zeigen wird. Es wird nach wie vor versuchen, mit der Hinterhand unter in die Spur der Vorderhufe zu treten, die Dehnungsrezeptoren werden aktiviert und bleiben aktiv, und die Tiefensensibilität wird weiterhin gefördert. Das Bewegungsbild Deines Pferdes kann sich dadurch langfristig verbessern.

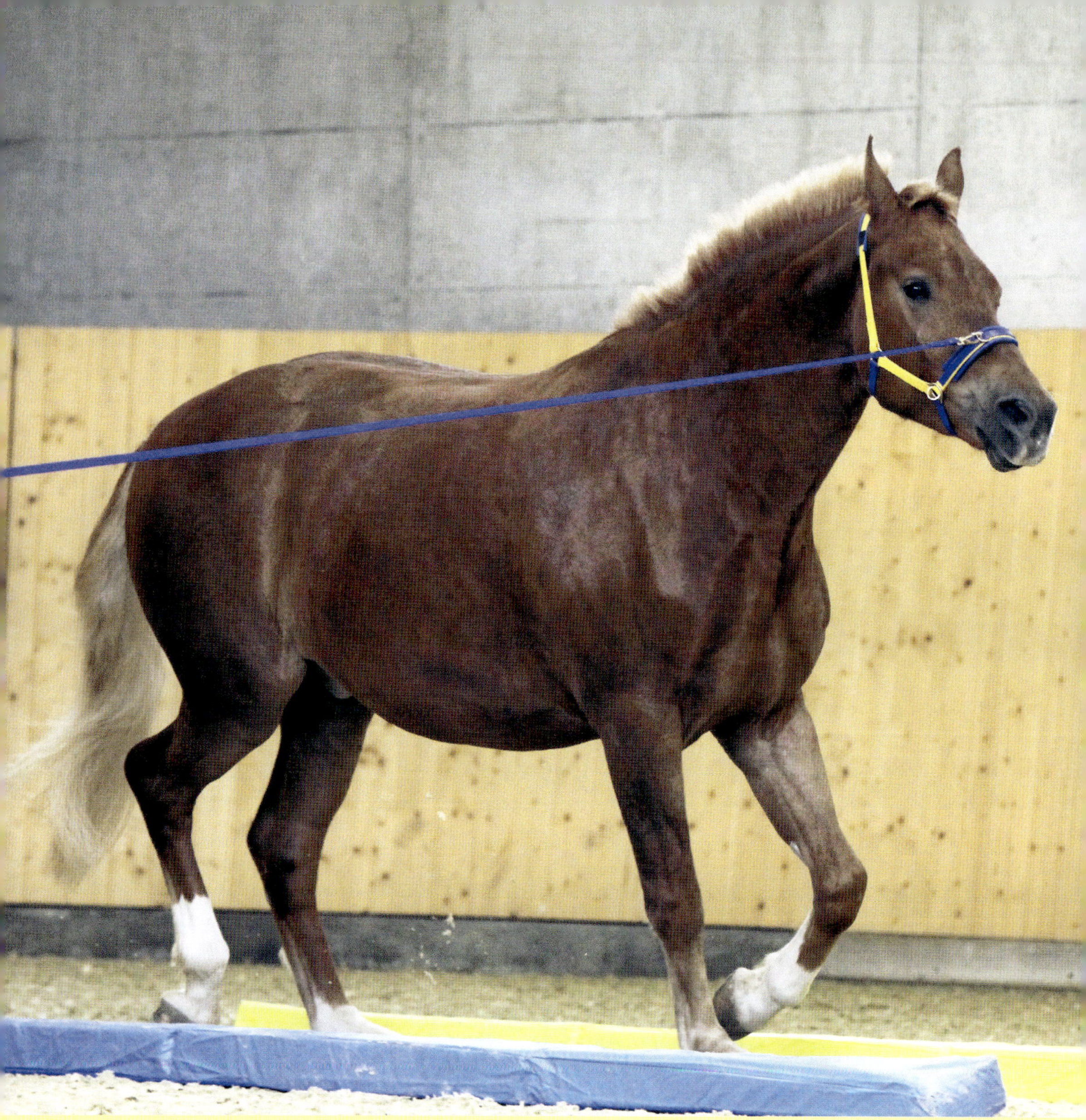

9. Mit welchen Pferden kannst Du EquiGym® trainieren?

Wir würden hier sagen, mit allen Pferden. Es gibt krankheitsbedingte Ausnahmen. Was Rasse, Alter oder Couleur betrifft, ist es egal, welches Pferd Du hast.

Vom Shetty bis zum Shire – EquiGym® ist für alle geeignet.

Mit Deinem Jungpferd

Gerade Dein ganz junges Pferd, vor dem Einreiten, sollte lernen zuzuhören. Meistens fehlt es ihm noch erheblich an Balance und Koordination. Es kann die Kreislinie nicht halten und »eiert« mit der Hinterhand auf dem dritten und mit der Vorhand auf dem ersten Hufschlag entlang. Dein Jungpferd hat auch noch nicht die Muskulatur, die es benötigt, um Dich zu tragen, und somit fehlt ihm die Kraft. Damit es ordentlich Muskulatur aufbauen kann, empfehlen wir Dir, vorher mit Equikinetic® zu arbeiten. Rechne bitte mit mindestens drei Monaten dafür. Wenn Du feststellst, dass es in der Equikinetic® kräftiger und gerader wird, kannst Du während dieser Zeit beginnen, die Matten zu integrieren.

Ein wichtiger Faktor, den Du bei Deinem »Baby« nie vergessen solltest: Es ist schnell mit der Gesamtsituation überfordert. Dein junges Pferd kann sich nicht sehr lange konzentrieren. Da die Arbeit mit Blau-Gelb Dein Pferd mental extrem fordert, macht es oft nicht lange mit.

Auch wenn Du denkst: »Na ja, das kann doch nicht sein, dass es schon genug hat« – doch, das ist durchaus möglich. Bereits nach zwei Einheiten EquiGym® könnten die Synapsen Deines Pferdes auf »beendet« schalten. Beobachte es genau und beende das Training lieber früher als später, wenn Du unsicher bist.

Beginne mit einem einfachen Parcours, der Dein Pferd nicht überfordert. Mach es nicht zu kompliziert und beende die Einheiten lieber frühzeitig. Unser Zeitsystem gibt die maximale Dauer vor. Früher aufzuhören ist immer möglich, aber länger zu arbeiten wäre kontraproduktiv.

Nichtsdestotrotz sind die sichtbar gemachten Hufschlagfiguren durch die Gassen und Matten ein Segen für Deinen Youngster, da sie mehr Balance, Kraft und Koordination fördern.

Angespannte Pferde

Ein »verspanntes« Pferd entspannt sich häufig muskulär, sobald es auf die Matten tritt. Durch das ungewohnte Gefühl unter den Hufen und den Blick nach unten zu den Matten wird das Pferd dazu angeregt, sich zu dehnen. Dieser natürliche Dehnungsprozess kann dabei helfen, muskuläre Verspannungen zu lösen.

Für ältere/alte Pferde

Hast Du einen Oldie, der fit bleiben oder noch sinnvoll beschäftigt werden möchte? Dann ist EquiGym® genau das Richtige für euch beiden. Pferde, die in die Jahre gekommen sind, neigen dazu, steifer zu werden. Sie sind oft nicht mehr so beweglich und ihre Bewegungsabläufe sind nicht mehr so elegant wie in jungen Jahren. Das ist eine ganz natürliche Folge des Älterwerdens.

Mit zunehmendem Alter baut auch Dein Pferd Muskulatur ab – genauso wie bei Menschen. Ein 80-jähriger Mensch hat etwa 40 % seiner Muskelmasse verloren. Bei Pferden verläuft dieser Prozess ähnlich. Zudem verlieren die Muskeln und Sehnen an Dehnfähigkeit.

Dein Pferd wird zwar nicht in einen Jungbrunnen fallen, aber durch gezielte Gymnastizierung kannst Du die biologischen Abbauprozesse verlangsamen. Auch Pferde haben einen inneren Schweinehund und bewegen sich oft nur so viel, wie es gerade nötig ist. Was auch immer sich die Evolution dabei gedacht hat, sinnvoll ist das nicht.

Je älter Dein Pferd wird, desto mehr nimmt die Dehnfähigkeit und damit auch die Beweglichkeit ab. Es kann die Beine nicht mehr so geschmeidig und kadenziert schwingen wie früher, und der Gang verliert an Eleganz. Da Muskeln und Sehnen die Gelenke bewegen und diese mit der Zeit steifer und weniger flexibel werden, fällt es Deinem Pferd zunehmend schwerer, sich zu bewegen – und es hat auch weniger Lust dazu. Klingt logisch, oder? So beginnt ein Teufelskreis. Die einzige Möglichkeit, dagegen anzukämpfen, ist, die Muskulatur und Sehnen so geschmeidig wie möglich zu halten.

Bei EquiGym® wird Dein Pferd dazu motiviert, sich anzustrengen und aktiv zu bewegen. Die Matten fördern eine intensivere Bewegung der Beine und des gesamten Bewegungsapparats. Selbst wenn es anfangs nur ein oder zwei Zentimeter sind, die das Pferd die Beine höher heben muss, unterstützt dieses Training besonders ältere Pferde dabei, den Teufelskreis der Bewegungsarmut zu durchbrechen.

Zudem hast Du eine tolle Möglichkeit, Dein Pferd »im Kopf« zu beschäftigen. Auf der Koppel kennt es jeden Maulwurf und Dein Training mit ihm hat sich auch reduziert. Es gibt alte Pferde, denen ist es todeslangweilig. Diese fallen in eine Art Lethargie. Sie scheinen total zufrieden. Manche sind es auch, aber das Gehirn will beschäftigt werden, denn auch hier gilt: use it or lose it. Lass es nicht verkümmern. Beschäftige es. EquiGym® ist da perfekt dafür geeignet. Allein durch die Bewegungsreize wird auch das alternde Pferdegehirn zu 80 % beschäftigt. Hinzu kommen die visuellen und akustischen Reize, die es damit koordinieren muss.

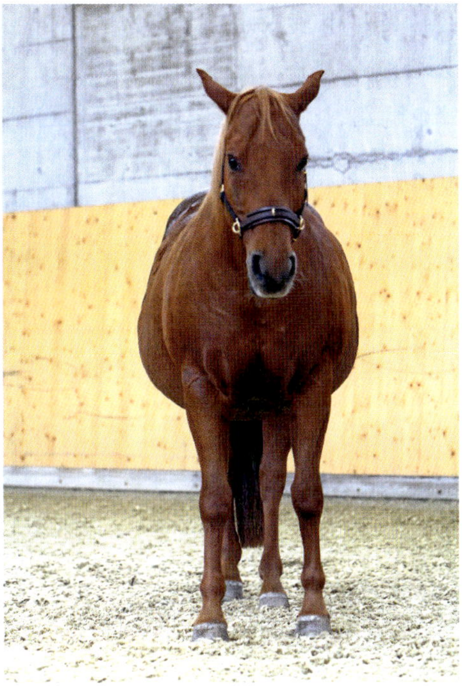

Dicke Pferde

Ist ein Pferd übergewichtig, kann das verheerende Folgen für das arme Tier haben. Das Skelett muss das zusätzliche Gewicht tragen und hat aufgrund mangelnder Muskulatur keine Chance, dies auszugleichen. Sehnenschäden, Gelenkprobleme, Arthrose und viele andere Beschwerden, mit denen übergewichtige Pferde häufig zu kämpfen haben, können durch gezieltes Training und ein gutes Futtermanagement vermieden werden.
Wohlstandskrankheiten wie EMS und deren Folgen, andere Stoffwechselstörungen sind in fast jedem Reitstall bei mindestens einem Pferd zu finden.

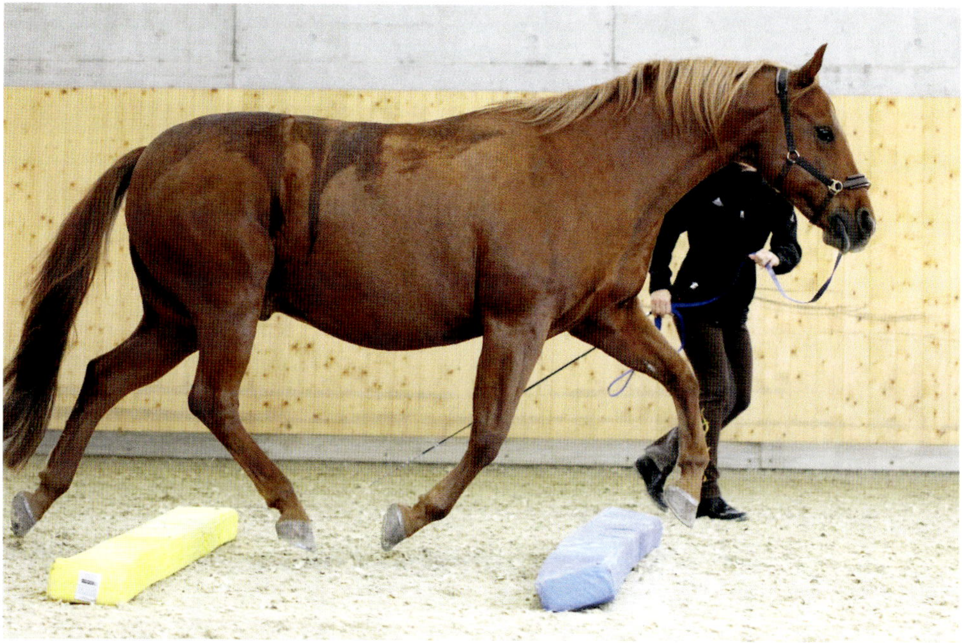

Eine aktiv arbeitende Hinterhand und eine positive Spannung fördern den Muskelaufbau und unterstützen nachhaltig die Fettverbrennung.

Wie hilft Muskulatur beim Abnehmen?

Die Muskulatur verbraucht rund um die Uhr enorm viel Energie – 24 Stunden am Tag. Deshalb wird beim Menschen immer häufiger Muskeltraining statt Cardio-Training zum Abnehmen empfohlen. Ausgiebige Dauerläufe verbrennen zwar Kalorien, doch die Belastung für die Beine ist enorm.

Wir haben uns mit mehreren Ärzten ausgetauscht, und die Antwort war immer dieselbe: Muskulatur aufbauen ist der Schlüssel. Genau deshalb ist unser Abspeck-Programm mit Equikinetic® so effektiv – es setzt gezielt auf den Aufbau der Muskulatur, um den Stoffwechsel anzukurbeln und nachhaltig Fett zu verbrennen.

Reha-Pferde

Reha-Pferde und Muskelverlust

Nach drei Tagen Klinik und einer eventuellen Stehpause, erkennst Du Dein eigenes Pferd fast nicht wieder, da es enorm Muskel abgebaut hat? Eine der wichtigsten Aufgaben ist es, den Muskelschwund auszugleichen, damit Dein Pferd wieder in die Gänge kommt.

War Dein Pferd verletzt und braucht eine Reha-Maßnahme ist Equikinetic® ein hervorragendes Tool, um es wieder fit zu bekommen. Mit EquiGym® kannst Du das Equikinetic®-Reha-Training noch dazu langsam steigern.

Nicht nur, dass das Du das motorische Gedächtnis wieder auf »normal« kalibrierst und nicht auf Schongang bleibt, auch das Muskelgedächtnis wird wieder aktiviert.
Die Muskulatur, die Dein Pferd durch zu wenig Training oder Krankheitsbedingt abgebaut hat, lassen sich schneller wieder aufbauen. Die Muskelkerne sind noch vorhanden und das Material »Drumherum« hat sich abgebaut. Auch das Gehirn hat die Informationen noch abgespeichert, wie der Muskel trainiert wurde. Beginnst Du wieder mit dem Training, werden sich die Muskulatur schneller wieder aufbauen.

Taktunklarheiten

Läuft Dein Pferd keinen klaren Schritt können die Matten ebenfalls eine Verbesserung bringen.
Der Passgang wäre da ein Beispiel. Geht ein Pferd im Schritt Pass, liegt das oft an verspannter Rückenmuskulatur. Durch das Überschreiten der Matten können sich solche Verspannungen lösen.
Dein Pferd dehnt sich und kommt zu seiner natürlichen Gangart zurück.

Befindet sich Dein Pferd in der »Reha-Phase«, kann EquiGym® helfen, dass bestimmte Schonhaltungen nicht beibehalten werden, muskuläre Dysbalancen verbessert und keine neue entstehen.

Hat Dein Pferd Schonhaltungen schon abgespeichert, obwohl alles ausgeheilt ist, leisten die Matten ebenfalls sehr gute Dienste.
Bewegungsmuster wie Passgang oder Lahmheiten können auch dann vom Gehirn abgespeichert bleiben, wenn die Schmerzen, die dafür verantwortlich waren, längst nicht mehr gespürt werden.

Das Gehirn verarbeitet nicht nur Schmerzen, sondert speichert auch das Bewegungsmuster unter Schmerzen, wie eine Lahmheit, Deines Pferdes ab.

Läuft Dein Pferd Pass oder lahmt, um Schmerzen zu vermeiden, speichert sein Gehirn diese Schonhaltung ab und automatisiert sie.
Es kann dann sein, dass es längst keine Schmerzen mehr hat, aber immer noch lahmt, weil es zu seinem gewohnten Bewegungsmuster geworden ist.
Dieser Vorgang wird als »Bewegungserinnerung« oder »motorisches Gedächtnis« bezeichnet.
Dein Pferd hat gelernt, sich auf eine bestimmte Art zu bewegen, um frühere Schmerzen zu vermeiden.

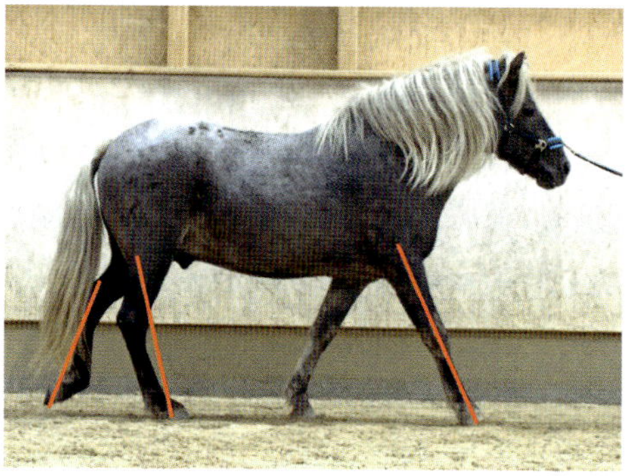

Der Isländer geht normalerweise Pass und läuft mit den Hinterbeinen nach hinten hinaus.

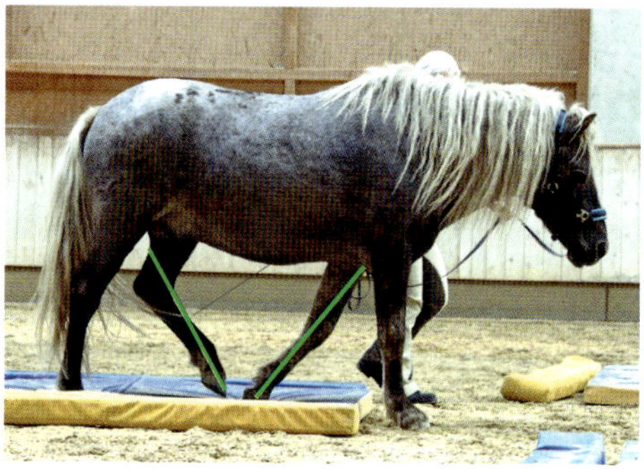

Über den EquiGym®-Matten geht er Schritt und tritt mit den Hinterbeinen nach vorne.
Das ist eine sehr deutliche Verbesserung des Laufbildes!

Durch gezieltes EquiGym®-Training ist es möglich, Dein Pferd aus dem Automatismus des festgefahrenen Gangbildes zu lösen, das es sich fälschlicherweise, durch Schmerzen oder Verspannungen angeeignet hat.
So kann Dein Pferd zu seinem natürlichen Gang zurückfinden – und diesen sogar weiter verbessern!

Das braucht Zeit und Training, um wieder zu seinem korrektem Bewegungsmustern zurückzufinden. Mit EquiGym®, speziell in der Equikinetic® als rehabilitierende Maßnahme, kann dieses ungesunde Bewegungsmuster oft wieder »verlernt« werden, sodass der natürliche, gesunde Gang zurückkehrt.

Durch den ungewohnten, nachgebenden Untergrund wird die gewohnte Bewegungsmuster-Erinnerung kurzzeitig ausgeschaltet. Ursachen für die entstehende »Taktunklarheit«, wie etwa Verspannungen, werden dabei gelöst. Der Körper passt sich an und findet zu seinem natürlichen Gang zurück, wenn er über die Matten geht, da das abgespeicherte Bewegungsmuster in diesem Moment nicht abgerufen wird.

Durch regelmäßiges Training, das schon lange erfolgreich bei Menschen angewendet wird, kann Dein Pferd zu einem gesunden, ursprünglichen Gang zurückfinden. In akuten Phasen kann es zudem helfen, das Entstehen von Taktunreinheiten zu verhindern.

Das zeigt, wie wichtig es ist, die Bewegungsabläufe aktiv neu zu trainieren, um langfristige gesundheitsschädigende Folgen zu vermeiden und ihnen auch vorzubeugen.

Vorbeugung

Wenn Dein Pferd bereits in der Reha ist, ist das sprichwörtliche Kind schon in den Brunnen gefallen. Es ist natürlich besser, gesundheitlichen Problemen frühzeitig vorzubeugen.

Die meisten Probleme, die bei Pferden auftreten, sind wahrscheinlich die Folge von muskulären Dysbalancen, unzureichender Muskulatur und Fehlbelastungen.

Wir wagen uns, ehrlich zu sein: Oft entstehen diese Probleme durch fehlende Grundausbildung, mangelnde oder nicht pferdegerechte Reitkünste, die das Pferd nicht ausgleichen kann. Es fehlt ihm an Balance, um den Reiter auszubalancieren, und an der nötigen Muskulatur, um ihn tragen zu können. Die Pferde sind nicht geradegerichtet und haben verspannte Muskulatur durch eine falsche Haltung oder »hängen in den Seilen« durch gar keine Haltung.

Ja, wissen wir: Ganz dünnes Eis, das anzusprechen.

Die gute Nachricht für die Pferde ist, dass man auch durch die blau-gelbe Bodenarbeit das Pferd vorbereiten und unterstützen kann, einen etwas wackeligen Reiter zu tragen und gesund zu bleiben.

Ausbildung und Training dienen nicht nur dazu, dem Reiter ein angenehmeres Sitzgefühl zu verschaffen, Turniere zu gewinnen oder das die Dressurlektion schön aussieht. Sie sind vor allem dafür da, dass das Pferd leistungsfähig bleibt und seine Gesundheit langfristig erhalten wird!

Leistungsfähig zu sein bedeutet, dass ein Pferd muskulär in der Lage ist, einen Reiter für eine Stunde entspannt ins Gelände zu tragen. Oft wird angenommen, dass jedes Pferd das problemlos kann. Doch um einen Reiter für diese Zeit sicher und gesund tragen zu können, muss ein Pferd in jeder Hinsicht fit sein – sowohl körperlich als auch mental.

Die Militärpferde früherer Generationen verbrachten ihren Alltag eng mit ihren Soldaten, doch es galt wohl ein entscheidender Grundsatz: 20 Minuten reiten, 20 Minuten laufen. Dieses Prinzip diente nicht nur der Schonung der Pferde, sondern auch ihrer körperlichen und mentalen Gesundheit.
Vielleicht sollten wir heute über diesen Ansatz einmal nachdenken und überlegen, wie wir ihn in den modernen Pferdealltag integrieren könnte.

10. Los geht's mit dem EquiGym®-Training

Equimatten

Wir empfehlen, Matten mit den Maßen von ca. 2 m Länge, ca. 1 m Breite und ca. 6–8 cm Dicke zu verwenden. Wichtig ist, dass die Matten rutschfest und stabil sind. Die Stärke des Schaumstoffs kann variieren. Je mehr unterschiedliche Untergründe Du einsetzt, desto mehr sensorische Reize erhält Dein Pferd.

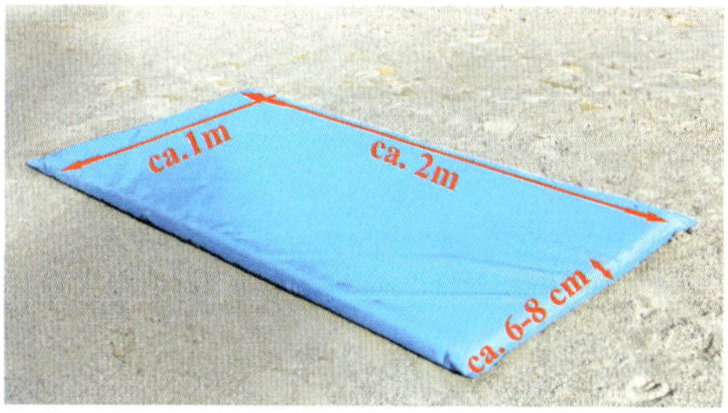

Solche Matten sind im Handel erhältlich, meistens aus robustem Material wie LKW-Plane gefertigt. Es gibt auch klappbare Varianten sowie Matten aus Kunstleder mit einer Länge von bis zu 3 m. Klappbare Matten sind besonders praktisch, da sie sich leicht verstauen lassen. Zusätzlich gibt es wetterfeste EquiGym®-Sensorik- und Balance-Matten, die speziell für den Einsatz mit Pferden entwickelt wurden.

Von der Verwendung von Bettmatratzen oder dünnen, klappbaren Gymnastikmatten raten wir dringend ab. Diese sind nicht nur gefährlich, sondern auch nicht langlebig genug für den Einsatz mit Pferden. Insbesondere für EquiGym®-Anwendungen sind sie ungeeignet.

Dual-Gassen®

Ohne Dual-Gassen® keine blau-gelbe Trainingswelt! Auch bei EquiGym® sind sie ein unverzichtbarer Bestandteil des Trainings. Sie werden benötigt, um Hindernisse zu gestalten, Hufschlagfiguren sichtbar zu machen und die Equimatten einzurahmen.

Die Erfahrung zeigt, dass Dual-Gassen® beim Einrahmen der Matten äußerst nützlich sind.

Sie begrenzen den Laufweg und lenken Dein Pferd gezielt auf die Matte – ähnlich einer Einflugschneise auf einem Flughafen. Ohne diese Begrenzung neigen Pferde dazu, sich geschickt an den Matten vorbeizuschummeln.

Pylonen

Die blau-gelben Helferlein sind ebenfalls sehr empfehlenswert, um Dein EquiGym®-Training abwechslungsreich zu gestalten. Die Wahl der Höhe und des Materials bleibt ganz Dir überlassen, wobei 12 Stück ideal wären.

Beachte jedoch, dass Pylonen aus reinem Kunststoff im Winter problematisch sein können. Durch die Kälte werden sie spröde und können leicht splittern oder brechen, wenn ein Pferd darauf tritt. Das stellt ein gewisses Sicherheitsrisiko dar und sollte bedacht werden.

Bei EquiGym® verwenden wir – mit wenigen Ausnahmen – Dual-Gassen®, um die Matten einzurahmen. Dadurch erhalten die EquiGym®-Matten eine klare Begrenzung, Deinem Pferd fällt es schwerer sich an den Matten vorbeizumogeln.
Idealerweise platzierst Du die Dual-Gassen® abwechselnd in Blau und Gelb auf beiden Seiten der Matte, um eine zusätzliche visuelle Struktur für Dein Pferd zu schaffen.

Falls Du nicht genügend Dual-Gassen® zur Verfügung hast, kannst Du stattdessen auf Pylonen zurückgreifen. Vier Pylonen genügen, um die Matte einzugrenzen: Platziere sie einfach an den jeweiligen Enden der Matte, um eine Alternative zu haben.

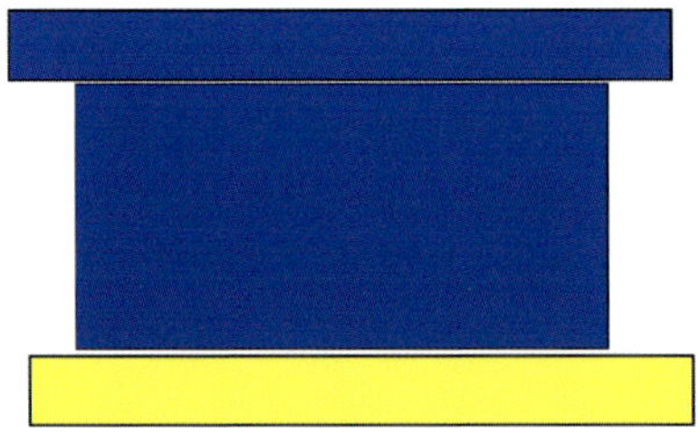

Kappzaum

Wenn Du mit Deinem Pferd vom Boden aus arbeiten möchtest, ist ein Kappzaum unverzichtbar. Mit einem gut sitzenden Kappzaum kannst Du Deinem Pferd feinste Hilfen geben. Es gibt Modelle mit oder ohne Eiseneinsatz im Nasenriemen.

Ein Kappzaum verfügt über drei Ringe:
einen zentralen Ring und zwei seitliche Ringe.

Unser Kappzaum unterscheidet sich durch die etwas weiter hinten angebrachten Ringe. Dies bietet Dir den Vorteil, ihn vielseitig einzusetzen. So kannst Du ihn beispielsweise für das Longe-Walking oder die EquiClassic-Work nutzen. Der Kappzaum schont das empfindliche Maul Deines Pferdes und verbessert die Sensibilität Deiner Hände.

Der Nasenriemen sollte auf dem knöchernen Teil des Nasenrückens liegen, dabei die Nasentrompeten freilassen.
Der Kehlriemen muss um die Ganaschen verlaufen und darf nicht zu weit nach hinten Richtung Kehlkopf rutschen.
Achte darauf, dass der Genickriemen nicht zu nah am Auge befestigt wird.
Die Metallschnalle sollte etwa zwei Finger breit unterhalb des Jochbeinbogens sitzen, und der Genickriemen sollte weich gepolstert über dem Genick liegen.

Beim Longieren wird die Longe am mittleren Ring eingehakt, was Dir ermöglicht, Dein Pferd leicht nach innen zu stellen. Verwende bitte niemals eine Trense zum Longieren, da das Gebiss durch die seitliche Zugwirkung der Longe aus dem Maul gezogen wird. Schon geringfügige Bewegungen reichen aus, um Schmerzen auf der empfindlichen Zahnleiste Deines Pferdes zu verursachen. Daher: Finger weg vom Gebiss beim Longieren!

Das gesamte EquiGym®-Programm, wird am Kappzaum longiert. Bitte verwende kein Halfter und auch kein Knotenhalfter, schon gar keine Trense. Diese Zäumungen sind nie fürs Longieren gemacht worden.

Longe

Wir empfehlen die Verwendung einer kürzeren Longe – etwa 4,5 Meter ist ideal. Diese Länge erleichtert das Handling, da weniger Longe in der Hand liegt und dadurch die Arbeit insgesamt handlicher wird.

Wichtig: Verwende niemals eine Gurtlonge mit Querstegen. Solche Longen sind meist zu steif und zu unhandlich.
Zusätzlich sind Querstege nicht ganz ungefährlich, falls Dein Pferd Dir die Longe einmal durch die Hände ziehen sollte. Die Stege können dabei schmerzhafte Verletzungen verursachen.

Eine flexible, glatte Longe ohne Querstege ist daher nicht nur leichter zu handhaben, sondern auch sicherer für Dich.

Eine zu lange Longe kann ebenfalls problematisch sein. Sie macht das Handling unnötig kompliziert, da Du zu viel überschüssiges Material in der Hand hast, das eher stört, als dass es nützt.

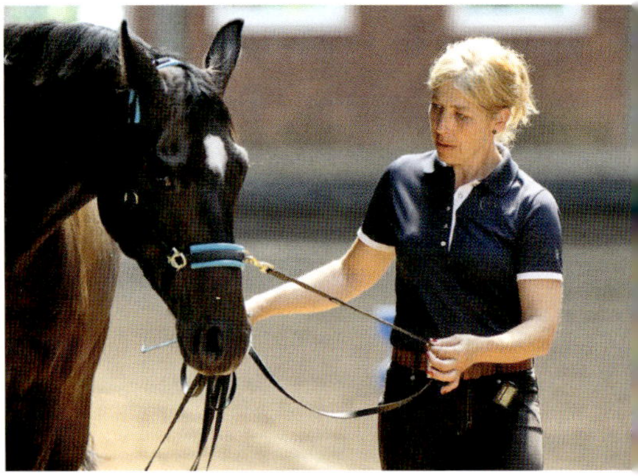

Bei EquiGym® nutzt Du die Zweihandtechnik. *Diese Technik ermöglicht es Dir, die Longe flexibler nachzugeben und gezielt anzunehmen. Eine Hand führt die Longe zum Kappzaum, während die andere Hand den restlichen Teil der Longe und gegebenenfalls die Gerte hält.*

Die »2-Hand-Technik«

In der blau-gelben Welt ist die Zweihandtechnik die bevorzugte Methode, sobald Du eine Longe in der Hand hältst.

Linke Seite des Pferdes: Deine linke Hand hält den Teil der Longe, der direkt zum Kappzaum führt, während Deine rechte Hand den Longenrest sowie die Gerte umschließt.
Rechte Seite des Pferdes: Die Hände wechseln entsprechend die Position.

Der Vorteil dieser Technik liegt in der präziseren Kommunikation mit Deinem Pferd. Du kannst feinere Hilfen geben und hast stets eine gute Verbindung, was Dir das Verlängern oder Verkürzen der Longe erheblich erleichtert.

EquiGym®-Blöcke

Superpraktische kleine Hindernisse! Schaumstoffblöcke eignen sich hervorragend für den Einsatz des Sprungs und als zusätzliche Elemente beim Parcoursbau.

Die »EquiGym®-Blöcke« bieten eine großartige Möglichkeit, einen Parcours zu bereichern und zusätzliche Impulse zu setzen, um das Bewegungsbild Deines Pferdes zu verbessern.

Sie können als Walk-Over-Hindernisse oder Sprungblöcke genutzt werden. Außerdem lassen sich mit ihnen die Ecken in der Quadratvolte deutlicher markieren, wodurch Dein Pferd eine bessere visuelle Unterstützung erhält und weniger auf die innere Schulter fällt.

Die Blöcke sind aus Schaumstoff gefertigt, ca. 1 m lang 20 cm tief und 30 cm hoch. Wir haben sie mit LKW-Plane ummantelt. Getreu dem Blau-gelben-Konzept legen wir großen Wert darauf, das Verletzungsrisiko für Dein Pferd zu minimieren. Deshalb verzichten wir auf Holzstangen!

Zeitsystem und Timer

Ebenfalls ein typisches Merkmal der blau-gelben Trainingswelt in das Zeitsystem. Dafür benötigst Du einen Timer. Ob einen manuellen oder eine App ist persönliche Vorliebe. Auf die Uhr zu schauen, während Du trainierst, funktioniert nicht. Ein zuverlässiger Helfer ist daher zwingend notwendig. Zu wissen, wann etwas beginnt oder endet, gibt uns ein Gefühl von Sicherheit. Stell Dir nur eine Zugfahrt vor: Du hast einen wichtigen Termin und verlässt Dich darauf, dass die Bahn pünktlich ankommt. Sobald der Fahrplan durcheinandergerät, wirst Du vermutlich nervös, weil Du nicht weißt, wie lange die Verzögerung dauern wird.

Für Dein Pferd erfüllt der Timer dieselbe Funktion: Er gibt Sicherheit und Vorhersehbarkeit. Dein Pferd lernt, wie lange eine Trainingseinheit dauert und wann es sich auf eine Pause freuen kann.
Der Timer sendet klare Signale – einen »Piep« für die Pause und einen anderen »Piep« für den Beginn der nächsten Arbeitseinheit.
Mit der Zeit versteht Dein Pferd, dass die gesamte Übung aus 6 Intervallen à 3 Minuten besteht, und verlässt sich darauf.

Wenn Du dieses Versprechen einhältst, stärkst Du das Vertrauen und die Bindung zwischen Dir und Deinem Pferd. **Es merkt:** »Ich kann mich auf meinen Menschen verlassen.« Und Versprechen sollte man immer halten.

Hilfsmittel: Der Timer

Damit Du die Zeit immer im Blick hast, verwendest Du am besten einen Timer. Hier kannst Du die Anzahl und Dauer der Reit- und Pausenintervalle exakt einstellen, sodass Du Dich ganz auf Dein Pferd und die Übung konzentrieren kannst.

***Das Zeitsystem:** Wir arbeiten mit Zeitintervallen – das sind regelmäßig wiederkehrende Zeitabstände. Die EquiGym®-Übungen werden immer in einem festen Zeitsystem durchgeführt, um Struktur und Routine zu schaffen.*

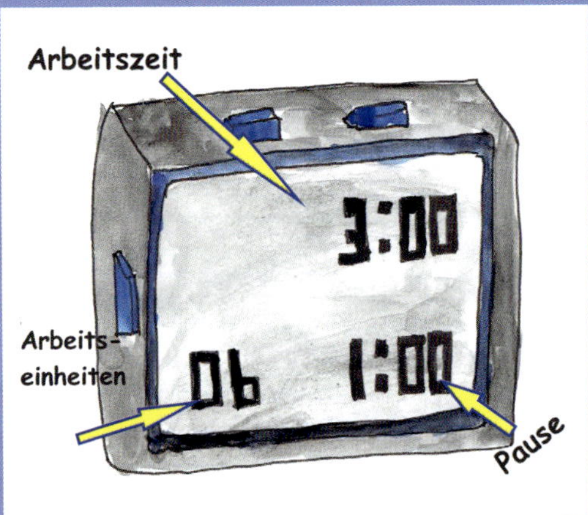

So funktioniert es:

1. *Du beginnst mit 3 Minuten, in denen Du den Parcours longierst.*
2. *Danach folgt 1 Minute Pause.*
3. *Anschließend startest Du die nächste Runde mit weiteren 3 Minuten Training, gefolgt von einer 1-Minuten-Pause.*
4. *Diesen Ablauf wiederholst Du insgesamt 6-mal:*
   - *3 Min. Training – 1 Min. Pause*
   - *3 Min. Training – 1 Min. Pause*

   und so weiter, bis Du 6 Intervalle abgeschlossen hast.

Zeitsystem EquiGym®: 6 Einheiten à 3 Minuten mit 1 Minute Pause

Dopamin: belohnt und macht süchtig

Dopamin ist ein Stoff, den das Gehirn produziert, wenn Du etwas Angenehmes, Großartiges oder Belohnendes erlebst – wie zum Beispiel eine leckere Schokolade! Auf schlau nennt man Dopamin einen Neurotransmitter, der dafür sorgt, dass Du Dich gut fühlst und dieses Gefühl gern beibehalten möchtest.

Du liebst Schokolade? Wer nicht! Jedes Mal, wenn Du den süßen Geschmack auf der Zunge spürst, schüttet Dein Gehirn Dopamin aus. Das fühlt sich großartig an und macht Lust auf mehr. Sobald die Schokolade alle ist, sinkt Dein Dopaminspiegel – und damit auch Dein gutes Gefühl. Dein Gehirn möchte dieses angenehme Gefühl zurückhaben, also greifst Du zur nächsten Schokolade, und der Dopamin-Kreislauf beginnt von vorne.

Genau diesen Mechanismus nutzen wir im Training. Für Dein Pferd ist die Pause so etwas wie seine Schokolade. Wenn der Timer das Pausensignal gibt, verbindet Dein Pferd das mit etwas Angenehmem. Sein Gehirn produziert Dopamin, und das sorgt für ein gutes Gefühl.

Das Spannende:
Dein Pferd lernt, dass der Pieps des Timers die Pause ankündigt. Jedes Mal, wenn es den Pausenpieps hört, hält es gerne an – nicht, weil Du es zwingst, sondern weil es gelernt hat, dass Pausen angenehm sind und Dopamin freigesetzt wird.

So nutzt der Timer nicht nur die Zeit, sondern auch die natürlichen Lernprozesse im Gehirn Deines Pferdes, um das Training effektiv und positiv zu gestalten.

Equiplace® und Pausen

Der Equiplace® besteht aus vier Schaumstoffgassen, die in Weiß gehalten sind. Pferde können die Farben Blau und Gelb besonders gut wahrnehmen. Wenn Du Übungen mit blauen und gelben Gassen aufbaust, lernt Dein Pferd, diese Farben mit Arbeit und Aktivität zu verbinden.
Für den Equiplace® verwenden wir hingegen die weißen Gassen. Diese Farben signalisieren Deinem Pferd Entspannung: Hier muss es nicht arbeiten, sondern darf eine Pause einlegen.

Pausen sind ein wichtiger Bestandteil des Lernprozesses Deines Pferdes. Während Du trainierst, nimmt Dein Pferd viele neue Informationen auf. Damit es diese besser verarbeiten und langfristig abspeichern kann, benötigt

das Gehirn Deines Pferdes kurze Pausen. In diesen Pausen sortiert und speichert das Gehirn die Erlebnisse der letzten drei Minuten.

Ohne regelmäßige Pausen könnte es passieren, dass Dein Pferd zwar merkt, wann die Einheit vorbei ist, sich aber nicht mehr genau daran erinnert, was es zu Beginn gelernt hat. Pausen fördern also nicht nur das Verständnis, sondern auch das nachhaltige Lernen. Zusätzlich haben Pausen einen weiteren Vorteil: Training kann für Dich und Dein Pferd anstrengend sein. Auch Du wirst dankbar sein, wenn Du Dich zwischen den Übungen kurz erholen kannst. So profitiert ihr beide von einer kurzen Verschnaufpause.

Platziere den Equiplace® idealerweise an der Bande. So ist Dein Pferd von hinten begrenzt und muss seine Aufmerksamkeit nicht ständig nach hinten richten.

Stelle Dein Pferd in der Pause in den Equiplace® und lass es einfach stehen. Du kannst es dabei streicheln, aber vermeide jede Art von Arbeit – die Pause dient der Entspannung. Manche Pferde möchten in den Pausen je-

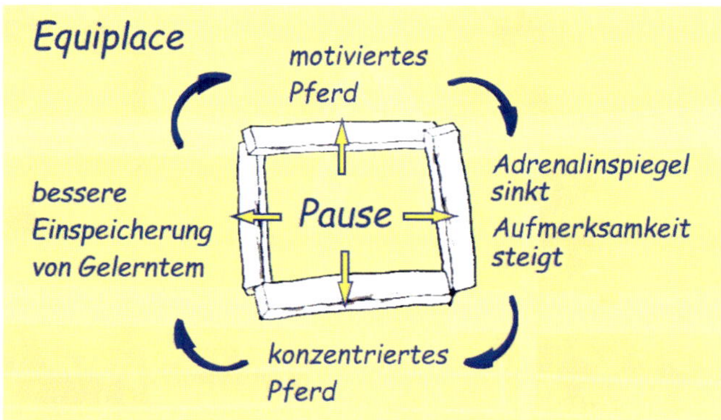

doch nicht stillstehen und bevorzugen, sich zu bewegen. In diesem Fall kannst Du locker neben Deinem Pferd herlaufen, ohne etwas von ihm zu verlangen, bis der Timer die nächste Einheit ankündigt.
Aus Erfahrung wissen wir jedoch, dass die meisten Pferde, sobald sie das Prinzip des Equiplace® verstanden haben, die Pause lieber dort verbringen möchten.

48 Stunden Pause

Eine Pause von 48 Stunden ist in der Regel bei der Equikinetic® vorgesehen. Sie dient dazu, dass die Muskulatur Deines Pferdes Zeit hat, sich zu regenerieren und zu wachsen.

Auch EquiGym® kann unter Umständen sehr anstrengend sein – nicht nur körperlich, sondern auch mental. Daher empfehlen wir, am Tag nach einer intensiven EquiGym®-Einheit auf ein weniger forderndes Programm umzusteigen, um Deinem Pferd die nötige Erholung zu ermöglichen.

Natürlich sind die Matten eine Investition, aber sie lohnen sich in jeder Hinsicht. Die EquiGym®-Blöcke sind nicht nur äußerst praktisch, sondern auch vielseitig einsetzbar. Es handelt sich dabei nicht nur um einen Kauf, sondern um eine wertvolle Investition in die Gesundheit und Leistungsfähigkeit Deines Pferdes.

Die Arbeit im Schritt

Im EquiGym® ist der Schritt in der Quadratvolte zunächst die bevorzugte Gangart.
Vielleicht hast Du ein Pferd, das nicht unbedingt für einen besonders fleißigen Schritt bekannt ist? In diesem Fall könnte der Trab natürlich verlockender erscheinen und mehr Spaß machen – und ja, auch der Trab wird später Teil des Trainings sein.
Zu Beginn kann Dein Pferd im Trab jedoch leicht überfordert sein, weshalb es sinnvoll ist, erst im Schritt eine solide Basis zu schaffen. Waldemar Seunig wusste schon: »Die Versammlung im Schritt herbeizuführen, ist zweifellos eine der allerschwierigsten Aufgaben für den Reiter.«

Der Schritt des Pferdes wird oft unterschätzt und leider häufig nur zum Aufwärmen genutzt. Dabei sollte das Pferd im Schritt die Möglichkeit haben, sich zu entfalten. Der Schritt gibt gnadenlos Auskunft über das Können des Reiters – darüber, ob er mit dem Pferd im Einklang ist und es in der Bewegung unterstützt, oder ob das Pferd gestresst wirkt und einen stockenden, zackeligen oder passartigen Schritt zeigt.

Im Schritt werden Gelenke, Bänder und Sehnen geschont, weshalb diese Gangart ideal ist, um einem Pferd etwas beizubringen. Dein Pferd sollte den Schritt losgelassen und entspannt entfalten dürfen. Viele Pferde mit einem schlechten Schritt hatten nicht die Gelegenheit, diesen natürlich zu entwickeln – häufig, weil sie nicht korrekt gearbeitet oder sogar »kaputtgeritten« wurden. Es ist daher oberstes Ziel, das Pferd nicht zu stören und den natürlichen Schritt zu bewahren.

Auch in unserer EquiGym®-Methode spielt der losgelassene Schritt eine zentrale Rolle. Ein lockerer, entspannter Schritt ist die Grundlage für alles Weitere, was Du mit Deinem Pferd erreichen möchtest.

Wenn Du zu schnell in den Trab wechseln willst, riskierst Du, Dein Pferd zu überfordern. Oft ist das Pferd noch nicht ausreichend gelöst, was zu Verspannungen führt. Gerade im Schritt zeigt sich die Philosophie »Funktion vor Form« – das Pferd soll sich zunächst locker bewegen können, ohne dass Du versuchst, es frühzeitig in eine bestimmte Kopfhaltung oder Aufrichtung zu bringen.

Die ersten EquiGym®-Übungen im Schritt mögen unspektakulär wirken, doch sie bilden die Basis für jede weitere Arbeit. Gute, solide Grundlagenarbeit beginnt immer im Schritt – und nur so kannst Du langfristig mit einem gelösten, zufriedenen Pferd arbeiten.

Der Schritt – Effektiv und muskelaufbauend

Der Schritt ist die Gangart, die im Verhältnis zur zurückgelegten Strecke den höchsten Energieverbrauch aufweist.

In der Equikinetic® spielt er eine zentrale Rolle, da das Pferd in dieser Gangart am effektivsten und schnellsten Muskeln aufbaut. Aufgrund seiner schonenden Wirkung auf den Bewegungsapparat hat sich die Methode zu einem herausragenden Trainingsprogramm entwickelt, das Pferde nachhaltig stärkt und ihre Gesundheit fördert.

Die Arbeit im Trab

Natürlich kannst und sollst Du bei EquiGym® auch traben. Dein Pferd soll sich im Trab ebenfalls ausbalancieren und koordinieren können. Aber er ist kein Muss.

Selbst unseren »Sprung« kann man im Schritt longieren, dann wird er zum Walk-Over.

Wenn Du trabst, achte vor allem darauf, dass Dein Pferd keinen übereilten Trab hat. Von Vorteil wäre es, wenn Dein Pferd die Hilfen zum Langsamer- oder Fleißigermachen schon versteht und auch umsetzt.

Etwas ganz Wichtiges:
Wir rennen NIEMALS neben dem Pferd her, auch nicht langsam. Wir gehen!
Zum einen ist das zu Deiner eigenen Sicherheit wichtig. Wir möchten nicht, dass Du stolperst und Dich verletzt. Zum anderen hast Du rennenderweise keine schöne, ruhige Hand mehr, die feine Hilfen geben kann.

Noch ein Sicherheitshinweis:
Gehe NIEMALS über die Gassen oder die Matten. Du könntest stolpern und Dich verletzen. Longiere Dein Pferd über die Gassen und Matten – dafür sind sie gedacht.

Die Arbeit im Galopp

Fällt aus! Warum?
Wenn Du galoppieren willst, sollte Dein Pferd einen versammelten, gesprungenen Dreitakt zeigen. Die meisten Pferde leisten das nicht an der Longe. Du würdest Deinem Pferd damit schaden.
Wir raten dringend davon ab.

Die einzige klitzekleine Ausnahme, die wir gelten lassen können, ist die kurze gerade Strecke vor und nach dem Sprung. Weil Dein Pferd dabei geradeaus auf einer Linie läuft. Biegt es jedoch – trotz linienführender Gassen – nach dem Sprung zu schnell ab und wird schief, lass den Galopp weg.

Der Weg – »It's a Long Way to Tipperary«

Richard Hinrichs (einer der bedeutendsten Ausbilder klassisch-barocker Reiterei. Eines seiner Bücher »Pferde schulen an der Hand«) sagt sinngemäß: »Was ist das Erste, was Sie wissen müssen, wenn Sie die Traversale reiten möchten? Wo sie beginnt und wo sie aufhört.«

Genauso wichtig ist der Weg beim Longieren. Wenn Du den Weg nicht kennst und Deine eigene Position im Raum nicht klar ist, wird es schwierig, sich auf Dein Pferd zu konzentrieren.
Das Ergebnis? Kuddelmuddel.

Präge Dir den Weg ein, den Du gehen möchtest. Erst dann kannst Du Deine volle Aufmerksamkeit auf Dein Pferd richten.

Der Weg

Die blau-gelbe Trainingswelt macht Hufschlagfiguren sichtbar. Du und Dein Pferd habt einen klar strukturierten Parcours, der euch das Training erleichtern soll. Im Idealfall planst Du im Voraus, welchen Parcours Du aufbauen möchtest.

Das größte Problem beim Training ist oft, sich den Weg zu merken. Multitasking ist für niemanden wirklich möglich. Auch wenn es bei manchen so wirkt, liegt es daran, dass sie bestimmte Abläufe automatisiert haben und nicht mehr über jede einzelne Aufgabe nachdenken müssen. So können sie schnell zwischen verschiedenen Handlungen wechseln – ähnlich wie beim Autofahren: Sobald das Kuppeln und Schalten automatisiert ist, kannst Du Dich auf andere Dinge konzentrieren. Erinnerst Du Dich noch an Deine erste Fahrstunde?

Erst wenn Du den Ablauf des Parcours verinnerlicht hast, kannst Du Dich vollständig auf Dein Pferd konzentrieren. Sobald Du weißt, wie Du den Parcours longieren musst, wird Dein Training effizient.

Das Ziel ist es, in einen »Flow« zu kommen: Du denkst nicht mehr darüber nach, wie oder was Du longieren möchtest, oder ob Deine Position am Pferd stimmt, sondern kannst Dich voll auf Dein Pferd fokussieren.

Kennst Du den Parcours nicht genau, kann das Training schnell verwirrend werden. Sollte Dir das trotz guter Vorbereitung passieren, mach einfach eine zusätzliche Volte oder wiederhole die letzte Übung, um den Flow nicht zu verlieren. Spätestens eine Pause wird Dir helfen, Dich neu zu sortieren und wieder in den Rhythmus zu kommen.

Natürlich liegt unser Fokus darauf, dass Du Dein Pferd nicht überforderst. Aber genauso wichtig ist es, dass Du bei all der wertvollen Gymnastizierung auch selbst Freude daran hast!

Sei nicht zu streng mit Dir selbst. Du kannst immer nur eine Baustelle auf einmal bearbeiten – und das ist völlig in Ordnung. Fang einfach mit den Übungen an, auch wenn sie anfangs nicht perfekt laufen. Kein Problem! **Schließlich gilt:** Übung macht den Meister.

Halte es einfach und hab Geduld mit Dir und Deinem Pferd. Keep it simple!

Energie, Position, Körpersprache und Stimmhilfen

Bist Du es leid, dass Dein Pferd beim Longieren stehen bleibt und sich ständig zu Dir dreht?
Du möchtest es sicher durch und über Hindernisse führen, ohne dass es seinen eigenen Plan verfolgt?
Und wäre es nicht schön, wenn Dein Pferd endlich im passenden Tempo läuft, ohne plötzlich stehen zu bleiben oder loszusprinten?

Dann heißt es: Energie, Position und Körpersprache im Griff haben! Diese drei Punkte sind entscheidend, damit Dein EquiGym®-Training reibungslos funktioniert und Spaß macht.
Natürlich kommt das nicht von allein. Du musst Dein Pferd Stück für Stück darauf vorbereiten, auf die kleinsten Signale zu reagieren – auch wenn Du mal aus der perfekten Position kommst.

Ein gut ausgebildetes Pferd lässt sich schließlich aus jeder Lage lenken. Aber bis es so weit ist, liegt ein vielleicht noch bisschen Arbeit vor euch. Also: Bleib dran, es lohnt sich!

Die richtige Position beim Longieren

Idealerweise befindet sich Deine Position während des Longierens auf Höhe der Schulter Deines Pferdes. Hinten treibst Du es an, vorne lenkst Du! Ziel ist es, das Pferd mit feiner Körpersprache oder Stimmhilfen aktiver zu machen oder das Tempo zu regulieren. Ein kurzes »Scht« oder Zungenschnalzen reicht oft schon, um das Pferd anzutreiben oder ihm die Geschwindigkeit zu nehmen. Ein leichtes Andeuten mit der Gerte an der Hinterhand genügt, um es fleißiger laufen zu lassen.

Vielleicht fragst Du Dich jetzt: »Was muss ich noch alles beachten? Ich möchte doch einfach nur EquiGym® machen!«

Damit Du Deinem Pferd jedoch eine klare Führung bieten kannst, musst Du wissen, wie es funktioniert. Andernfalls wird Dein Pferd schnell durchschauen, wenn Du nicht souverän agierst, und die Trainingseinheit nach seinen eigenen Vorstellungen gestalten.

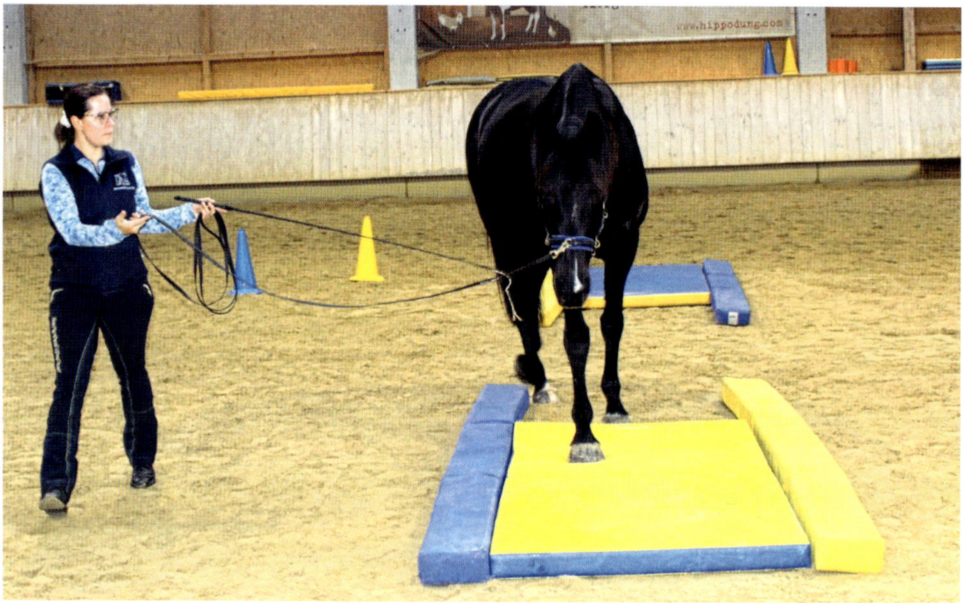

Bleibe stets in Kommunikation mit Deinem Pferd und sei dabei selbst aufmerksam. Dein Pferd wird nur dann motiviert mitarbeiten, wenn es merkt, dass Du auf es achtest.

Wenn Du etwas von Deinem Pferd möchtest, musst Du es auch klar kommunizieren. Andernfalls wird es Dich nicht ernst nehmen und selbst entscheiden, welches Tempo es wählt und wohin es gehen will. Die Fähigkeit, »den Menschen zu lesen«, ist für Pferde überlebenswichtig.
Für Dein Pferd geht es weniger darum, ob Du es durch den Parcours lenken kannst, sondern ob Du generell in der Lage bist, Führung zu übernehmen – und damit Sicherheit zu bieten.

Body-Mind-Language

»Body-Mind-Language« bedeutet, dass Körper und Geist in Einklang sein sollten. Läufst Du mit gesenktem Blick und hängenden Schultern durch den Tag, signalisiert Dein Körper Deinem Gehirn: »Ich bin niedergeschlagen.«

Das berühmte Beispiel hierfür ist, einen Stift quer in den Mund zu nehmen. Die Gesichtsmuskeln spannen sich an, und Dein Gehirn interpretiert das als Lächeln – was wiederum ein Signal für gute Laune ist.

Willst Du, dass Dein Pferd trabt, dann denke auch an den Trab. Erhöhe Deine eigene Energie und richte Deinen Körper auf.
Soll Dein Pferd ruhiger werden, lasse Deine Schultern fallen, senke den Kopf und werde insgesamt passiver.

Die Bedeutung der Schulterposition

»Wer die Schulter kontrolliert, kontrolliert das Pferd.«
Erst wenn Du in der Lage bist, Dein Pferd an der Schulter in Deinem Tempo zu führen, wird es Dir die Führung überlassen. Pferde versuchen oft, ihre Seiten zu schützen, und sind besonders empfindlich an der Schulter.

Viele Pferde laufen dem Menschen hinterher, wenn er losgeht. Das Problem dabei ist, dass Du Dein Pferd nicht richtig sehen kannst, und oft bleibt unbemerkt, dass Dein Pferd das Tempo bestimmt. So verlierst Du unbewusst die Führungsrolle.

Wenn Du versuchst, das Pferd vor allem an der rechten Schulter in Deinem Tempo zu führen, verweigern sich viele Pferde. Sie lassen Dich oft nicht einmal in die Nähe der Schulter, weil Du damit in eine treibende Position kommst.

Beim EquiGym® ist es jedoch wichtig, auf Schulterhöhe zu longieren.

Dein Pferd sollte sich aus jeder Position, in der Du Dich befindest, wegschicken lassen.
Warum sollte es das jetzt tun, wenn Du bisher keinen Wert daraufgelegt hast?

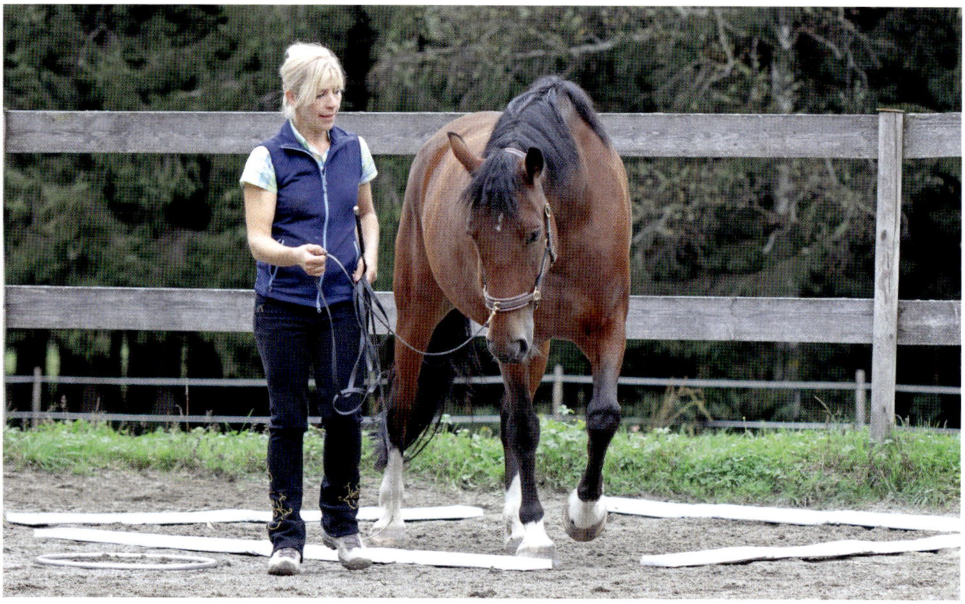

Das Longieren auf der rechten Hand kann manchmal eine echte Herausforderung sein. Bei den meisten Pferden ist die rechte Seite die »schwierigere« – nicht nur wegen ihrer Händigkeit. Die linke Gehirnhälfte verarbeitet Reize anders und teilt diese Informationen nur ungern mit der rechten. Daher ist es wichtig, Deinem Pferd Bewegungen, Berührungen und auch Gesehenes von beiden Seiten beizubringen.

Rechtsseitige Sensibilität

Pferde sind oft auf der rechten Seite schreckhafter und schwieriger zu handhaben. Das liegt daran, dass die linke Gehirnhälfte die rechte Körperhälfte steuert. Die Wahrnehmung, Bewegungen und Berührungen werden scheinbar differenzierter verarbeitet als bei Menschen.

Die linke Gehirnhälfte verarbeitet die Eindrücke von der rechten Seite wahrscheinlich mit »mehr Stress«, was oft zu heftigeren Reaktionen führt. Pferde kommen so auf die Welt. Mit mehr Input und Übung verbessert sich dies jedoch erheblich. Junge Pferde auf der linken Hand durch die Gassen in der Equikinetic® laufen zu lassen, klappt wahrscheinlich schon beim ersten Mal.

Rechte Hand? Geht gar nicht!

Das Pferd bleibt stehen, bestimmt das Tempo, dreht sich rein. Wenn es merkt, dass es nicht weitergeht, gibt es Gas und verlässt den Spielplatz ... oder bockt und steigt. Alles ist möglich. Das ist ganz normal.

Mit Geduld, der korrekten Führung und mit Hilfe der Gassen, die einen Rahmen geben, lernen das auch junge Pferde.

Vor allem aber bei »schwierigen Pferden« muss die Schulterposition auf der rechten Seite sorgfältig erarbeitet werden, damit Du das Pferd auf Schulterhöhe in Deinem Tempo führen oder longieren kannst.

Sicherheit geht vor

Außerdem geht es um Deine Sicherheit. Pferde flüchten bei Erschrecken nach vorne. Wenn das Pferd hinter Dir läuft, kann das zu gefährlichen Situationen führen. Gehst Du neben Deinem Pferd, spürst Du die Anspannung oft schon im Voraus und kannst rechtzeitig reagieren. Ist das nicht möglich, stehst Du wenigstens nicht im Weg und vermeidest so Unfälle.

Konsequenz und Timing

Wenn Du etwas möchtest von Deinem Pferd sei konsequent. Dein Pferd soll antraben. Möchte aber nicht. Du gibst die Hilfen dazu, es läuft aber weiter Schritt. Dann trabt es endlich an, Deine Hilfen dazu hören aber nicht auf.
Was glaubst Du was Dein Pferd lernt? Genau. Egal was ich mache, sie schnalzt und macht und tut. Es wird abstumpfen. Im schlimmsten Fall kann so was zur erlernten Hilflosigkeit führen.

Kennst Du die Füße die ständig in den Pferdebauch trommeln? Das wäre noch ein gängiges Beispiel dafür. Für Dein Pferd ist das nicht verständlich. Gib eine klare Hilfe zum Trab. Bleib dran, bis es trabt. Hör auf, wenn es trabt. Lobe es.

Macht Dein Pferd dann endlich was Du gerne hättest, es trabt, lass jegliche Hilfe weg. Sobald es entscheidet, wieder langsamer zu werden, am besten siehst Du das schon, wenn es darüber nachdenkt, kommt Deine Hilfe weiterzutraben. Da reicht dann meistens ein Zungenschnalzen. Loben inklusive.

So gewöhnst Du Dein Pferd an die Matten

Die meisten Pferde haben kein Problem damit, über die Matten zu laufen. Dennoch sind manche Pferde skeptisch und finden die Matten gruselig. Vor allem der blaue Bezug der Matten macht auf manche Pferde mächtig Eindruck!

Hast Du so ein Exemplar, gewöhne es langsam an die Matten. Führe Dein Pferd zunächst an den Matten vorbei – von beiden Seiten.

Bei sehr schreckhaften Pferden gehst Du zwischen den Matten und Deinem Pferd.

Möglichkeit 1:

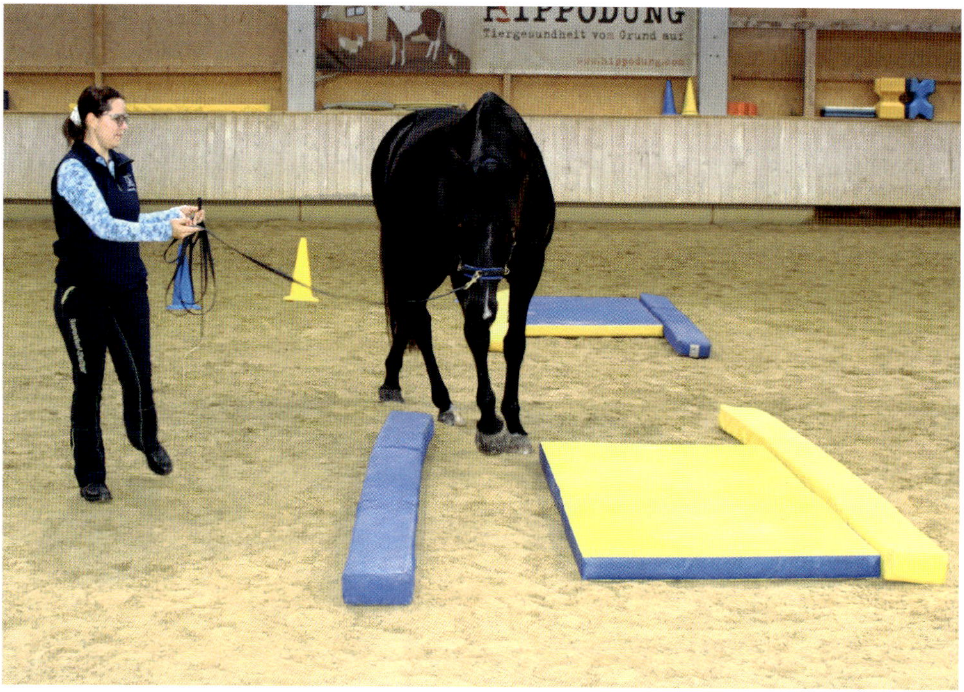

Lege die Matte zwischen die Gassen. Zwischen der Matte und den Gassen lässt Du so viel Platz, dass Dein Pferd der Matte ausweichen und daran vorbeilaufen kann. Longiere es auf beiden Händen zwischen den Gassen und den Matten durch.

Mit der Zeit verlieren die Matten ihren Schrecken. Versuche immer wieder, Dein Pferd sanft auf die Matten zu longieren, bis es sicher darüber läuft.

Möglichkeit 2:

Führe Dein Pferd zunächst quer über die Matte. Es kann anfangs auch nur über eine Ecke laufen. Die Vorderbeine können schon mal die Lage checken. Die Hinterbeine werden folgen

So bekommt es einen Eindruck und wird sich mehr trauen.

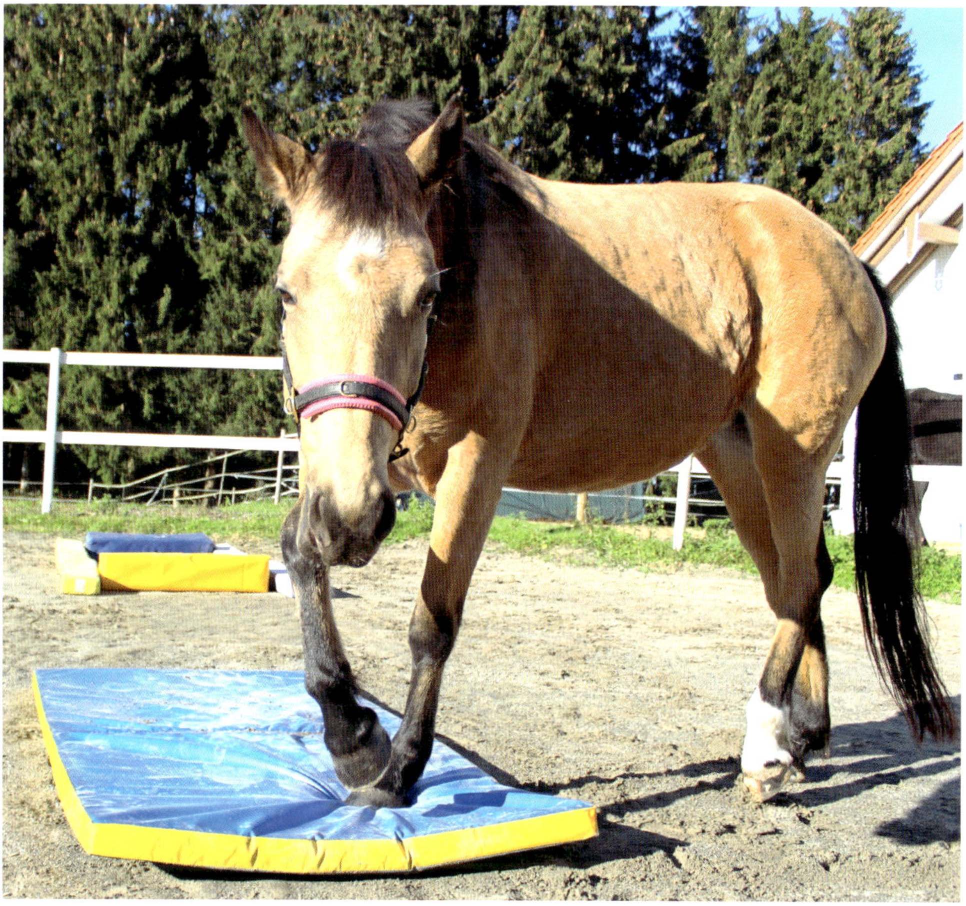

11. Die einzelnen Hindernisse und Übungen

Halten auf der Equimatte

Auf diesen Matten passiert viel mehr, als man auf den ersten Blick erkennt. Stell Dich doch mal auf zusammengeklappte Gymnastikmatten. Dein Gehirn ist, ohne dass Du es bewusst wahrnimmst, voll damit beschäftigt, Deinen Körper im Gleichgewicht zu halten – und das nur im Stehen.
Bei Pferden ist es nicht anders. Schon allein durch das Stehen werden die Propriozeptoren aktiviert.

Manchmal ist es eine ganz schön wackelige Angelegenheit und erfordert zusätzliches Vertrauen vom Pferd, besonders bei den Kandidaten, die unsicher sind.

Es gibt Pferde, die problemlos auf den Matten stehen bleiben, wenn man es möchte, und es gibt andere, die man mit Engelsgeduld davon überzeugen muss, auf dem Schaumstoff stehen zu bleiben.

Die erste Kategorie Pferd hältst Du einfach an und lässt sie mit allen vier Beinen auf der Matte stehen.
Die zweite Kategorie lässt Du zunächst nur mit den Vorderbeinen im ersten Drittel der Gassen ruhig stehen. Wenn sie das gut machen und überzeugt sind, dass die Matte sie nicht frisst, kannst Du sie mit allen vier Beinen daraufstellen.

Jetzt kommt es auf Deine Fähigkeiten als Pferdepsychologe an. Warte nicht darauf, dass das Pferd selbst entscheidet, von der Matte zu springen. Wenn es sich noch unsicher fühlt, achte auf den Moment, in dem es ruhig steht, und führe Du es dann selbst von der Matte. Das macht einen großen Unterschied. Dein Pferd lernt so, dass es gar nicht erst Angst bekommen muss. Es versteht, dass Du die Kontrolle hast und es sich auf Dich verlassen kann. Dadurch gewinnt es Vertrauen in Dich.

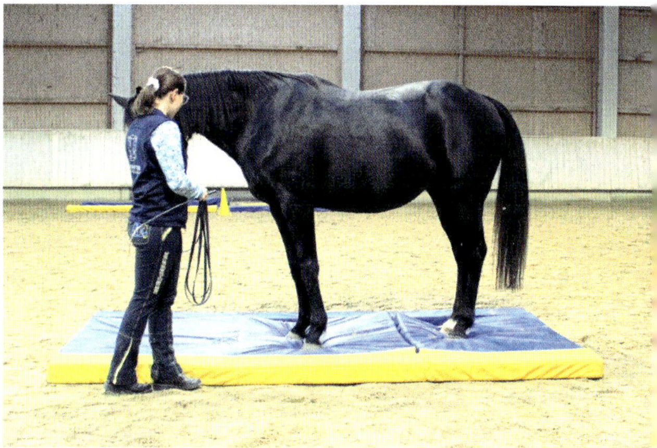

Das Halten und vor allem das Stillstehen auf der EquiGym®-Matte solltest Du üben. Du kannst es immer wieder in Deine Parcours einbauen.

Ziel ist es, dass Dein Pferd beim Longieren, am besten dann auch auf den Matten, auf Deine Hilfe stehen bleibt. Aus dem Schritt und aus dem Trab.

Schritt-Trab-Übergänge

Durch den Wechsel zwischen Schritt, Trab und Halten kannst Du den Parcours noch anspruchsvoller gestalten. Übergänge zwischen Schritt und Trab halten Dein Pferd aufmerksam und dienen als Feintuning zwischen Dir und Deinem Pferd. Das Wechselspiel zwischen den Gangarten sorgt nicht nur dafür, dass Dein Pferd wachsam bleibt; es fördert auch die Losgelassenheit und aktiviert die Hinterhand. Das Ziel ist es, punktgenaue Übergänge zu longieren. Halten bedeutet Halten – idealerweise auf den Matten und nicht erst im »Nachbardorf«. Eine besondere Herausforderung wäre es, wenn Du Dein Pferd beispielsweise aus dem Trab zum Halten bringst und anschließend wieder antraben lässt.

Übertreten auf der Equimatte

Wenn Du Dein Pferd noch nie übertreten lassen hast, übe dies, bevor Du es auf den Matten trainierst. Wir haben zwei Vorschläge für Dich, wie Du das Übertreten am besten üben kannst.

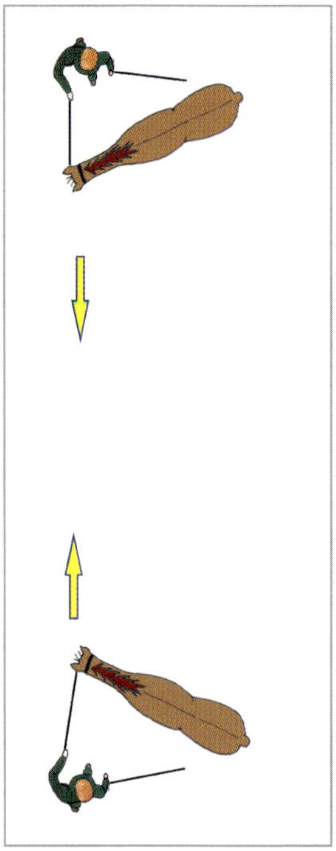

Nutze die Bande

Normalerweise möchte Dein Pferd auf Deinen Impuls hin geradeaus gehen. Diese Option nehmen wir ihm beim Übertreten gezielt weg.

Stelle Dein Pferd schräg zur Bande, um ihm das Geradeausgehen zu erschweren – die Bande dient dabei als optische Begrenzung. Gehe selbst geradeaus auf dem Hufschlag, während Dein Pferd schräg zur Bande übertritt.

Dazu brauchst Du vor allem eines zu Deinem Pferd ... Abstand! Bist Du zu nahe bei ihm blockierst Du es und es lässt sich nicht mehr leicht bewegen.

Dein Pferd sollte lernen dem Druck, in dem Fall nur Deiner Körpersprache und ein bisschen in der Luft schwenkenden Gerte, zu weichen. Dabei sollte es nicht nach vorne weglaufen oder sich zu Dir drehen. Letzteres passiert meistens, wenn Du den Kopf zu Dir ziehst.

Don't do it!

- ***Lass Deinem Pferd genügend Raum, sonst könnte es Gegendruck entwickeln.***
- ***Gib dem Kopf ausreichend Freiraum und halte ihn möglichst gerade. Ziehe den Kopf nicht zu Dir heran.***

Mögliche Reaktion Deines Pferdes:
Im besten Fall fällt Dein Pferd dabei leicht auf die äußere Schulter. Im »Worst Case« könnte es sich zu Dir drehen – was kein Problem ist. Falls dies passiert und Dein Pferd stehen bleibt, sortiert euch neu und beginnt erneut.

Übertreten an der Hand

Das Übertreten an der Hand ist eine einfache Methode, um Deinem Pferd die ersten seitlichen Schritte beizubringen, noch dazu ist es eine lösende Übung.
Stelle Dich dafür frontal vor Dein Pferd und halte seinen Kopf gerade. Für junge oder ungeübte Pferde ist es oft einfacher, den Kopf etwas höher zu tragen. Hier gilt: Funktion vor Form. Eine korrekte Haltung, wie die Dehnungshaltung oder Aufrichtung, kannst Du später einfordern, sobald das Übertreten gut funktioniert.

Gib einen kleinen Impuls nach vorne und halte Deine Gerte seitlich als Wegweiser. Oft reicht es aus, die Gerte leicht auf und ab zu bewegen, damit Dein Pferd versteht, dass es seitlich treten soll. Wenn Dein Pferd, das noch nicht kennt, könnte es versuchen, nach vorne zu laufen. Um das zu verhindern, halte leicht am Kappzaum dagegen.

Lass es dann Schritt für Schritt zur Seite übertreten. Es sollte nach jedem seitlichen tretenden Schritt von Dir angehalten werden können. Dazu nimmst Du Deine Gerte und legst sie auf die Schulter, zu der Dein Pferd übertritt.

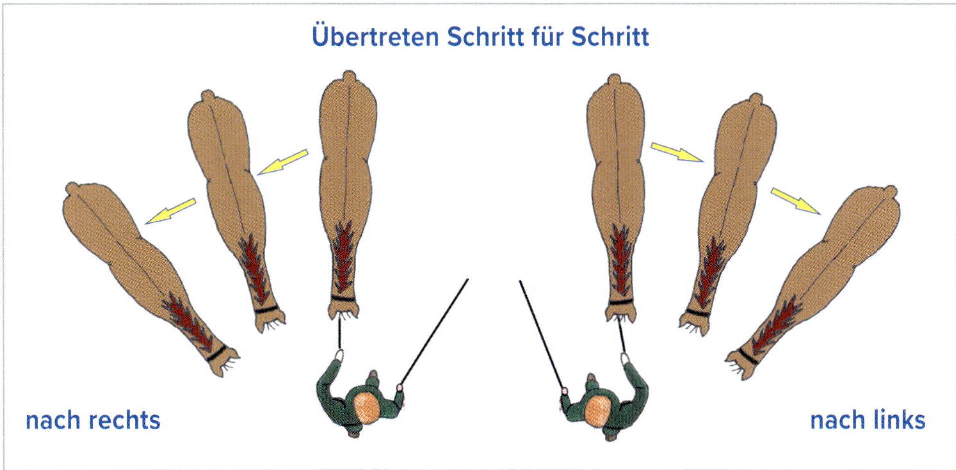

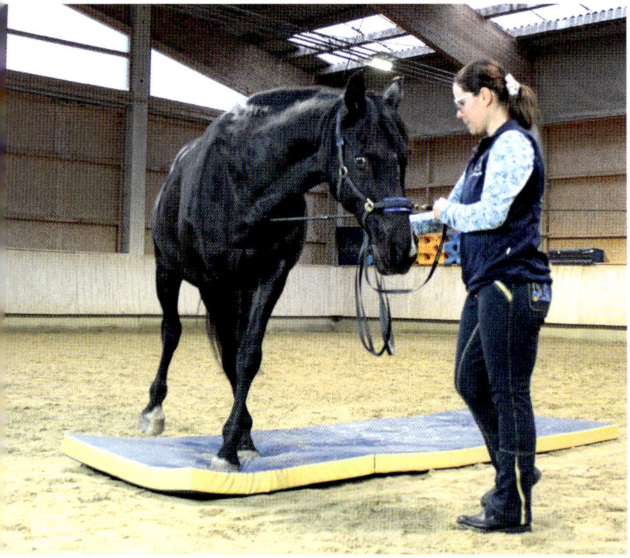

Nur die Vorderbeine

Das Übertreten mit den Vorderbeinen auf den Matten fördert die Koordination sowie die Brustmuskulatur Deines Pferdes.

Wenn Du Dein Pferd auf den Matten übertreten lassen möchtest, ist es hilfreich, wenn es zumindest bereits mit den Vorderbeinen sicher auf der Matte stehen kann.

Stelle Dein Pferd mit den Vorderbeinen auf die Matte, als ob es quer darüber gehen soll, und halte es an, sobald die Vorderbeine auf der Matte stehen. Positioniere Dich frontal oder leicht seitlich vor Deinem Pferd und lass es Schritt für Schritt die Vorderbeine über die Matte kreuzen.

... dann die Hinterbeine

Das Übertreten mit der Hinterhand kann eine Herausforderung sein und ist oft knifflig. Häufig zögert Dein Pferd, mit den Hinterbeinen auf die Matten zu treten, da ihm die Informationen von den Vorderhufen fehlen, die normalerweise an das Gehirn weitergegeben werden.
Die Vorderbeine stehen auf dem vertrauten Untergrund, während Dein Pferd sich der unterschiedlichen Beschaffenheit der Matten bewusst ist, was zu Unsicherheiten führt. Aus diesem Grund kann es sich weigern, über die Matten zu treten.

In der Regel dauert es auch länger, bis das Pferd mit den Hinterbeinen korrekt und fließend über die Matten kreuzt. Die Propriozeptoren – also die Rezeptoren, die Informationen über die Körperposition liefern – werden hier vor eine echte Herausforderung gestellt, da dieser Bewegungsablauf ungewohnt für das Pferd ist. Um Deinem Pferd zu helfen, könntest Du mit schrittweisen Übungen beginnen, die Vertrauen und Sicherheit fördern.

Führe Dein Pferd zunächst mit den Vorderbeinen quer über die Matte und halte es an. Sobald die Hinterbeine auf der Matte stehen und die Vorderbeine noch auf dem Boden sind, lass es übertreten.
Die Vorderbeine geben dabei den Takt vor, der auf die Hinterbeine übertragen wird, daher achte darauf, dass das Pferd vorne »sauber« übertritt.

Diese Übung verbessert die Koordination zwischen Vor- und Hinterhand. Das hat nicht nur einen gymnastischen Nutzen; Dein Pferd wird durch die gesteigerte Koordination auch selbstsicherer. Dies gilt für Pferde ebenso wie für Menschen: Je besser die Körperkontrolle, Balance und Koordination, desto weniger Angst wird empfunden. Sobald Dein Pferd sicherer wird, hat es keinen Grund mehr, schneller zu werden oder gar zu flüchten, falls es einmal in »Schräglage« gerät.

Apropos schrittweise:
Du solltest jeden Schritt, bei dem Dein Pferd überkreuzt – ob mit der Vorhand oder der Hinterhand – einzeln abrufen können. Dein Pferd sollte nicht im vorauseilenden Gehorsam seitlich durch die Gassen huschen und auch nicht auf die äußere Schulter fallen. Das wäre kontraproduktiv.

Und den Rückwärtsgang einlegen

Das Rückwärtstreten gehört nicht zu den bevorzugten Gangarten eines Pferdes und schon gar nicht in der Länge einer ganzen Pferdelänge im lateralen Zweitakt. Rückwärtstreten, so wie wir es uns vorstellen, muss ein Pferd gezielt lernen.
Unerfahrene Pferde haben oft Schwierigkeiten, eine gerade Linie zu halten und treten normalerweise nicht spurig zurück. Wenn Du es anfangs versuchst, kann es sein, dass Dein Pferd den Kopf hochnimmt, den Rücken wegdrückt und die Beine einzeln setzt – von Takt ist da noch keine Spur, und es tut beim Zusehen schon weh.

Im korrekten Rückwärtsrichten soll der Rücken des Pferdes sich aufwölben, die Kruppe und Hanken leicht beugen. Diese Übung hat eine versammelnde Wirkung und fördert die Tragkraft. Das Rückwärtsrichten sollte in einer geraden Linie und nicht hastig erfolgen, wobei das Pferd gleichmäßig rückwärts schreitet.

Rückwärtstreten auf den Equimatten: Eine besondere Herausforderung.

Dabei sollte das Pferd im Zweitakt diagonal »treten«, die Tritte wie im Trab. Fehlerhaft ist es, wenn das Pferd die Beine einzeln setzt. Anfangs werden viele Pferde Mühe haben, die Linie zu halten und dazu neigen, mit den Hinterbeinen breitbeinig »zurückzustapfen«.

Wird ein Pferd lediglich nach hinten »geschoben«, drückt es oft den Rücken durch, und die Muskelketten können nicht koordiniert arbeiten, was mehr Schaden anrichtet, als es nützt. Korrektes Rückwärtstreten ist hingegen eine äußerst effektvolle Übung mit einem hohen gymnastischen Wert.

Rückwärtsrichten – Eine wertvolle Übung, keine Strafe

Das Einlegen des Rückwärtsgangs als Bestrafung lehnen wir entschieden ab. Rückwärtsrichten ist eine bedeutende Übung, die gezielt zur Gymnastizierung und Stärkung des Pferdes eingesetzt wird. Sie soll stets positiv und bewusst in das Training integriert werden – niemals als Strafe, sondern als hilfreiches Element für Balance, Koordination und Vertrauen zwischen Mensch und Pferd.

Anleitung für den Rückwärtsgang

1. **Nutze die Dual-Gassen® als Unterstützung:**
   Wenn Dein Pferd den Rückwärtsgang noch nicht kennt, stelle es an die Bande als äußere Begrenzung.

2. **Bereite eine Gasse vor:**
   Lege parallel zur Bande, mit einem Abstand von etwa 1,50 Metern, eine Gasse.

3. **Positioniere Dein Pferd:**
   Dein Pferd sollte mit den Vorderbeinen am Ende der Gasse anhalten. Die Bande und die Gasse geben ihm einen strukturierten Rahmen.

Falls Du keine Bande zur Verfügung hast, kannst Du zwei Gassen parallel legen, um so den gleichen Effekt zu erzielen.

Jetzt das Ganze auf den Matten

Lass Dein Pferd auf den Matten anhalten und stelle Dich seitlich neben die Matten, nicht direkt vor Dein Pferd. Drehe Dich in die entgegengesetzte Richtung Deines Pferdes.

Senke den Kopf Deines Pferdes, damit es entspannt ist. Lasse es dann im lateralen Zweitakt rückwärtsgehen, bis die Vorderbeine von den Matten heruntergetreten sind.
Diese Version ist flüssiger und betont die ruhige Ausführung der Übung für eine entspannte Rückwärtsbewegung des Pferdes.

Sicherheitshinweis: Wenn Du frontal vor Deinem Pferd stehst, besteht ein gewisses Risiko. Pferde sind Fluchttiere. Sie können, wenn sie sich erschrecken, in Panik geraten. Da der Weg zur Seite durch die Gassen begrenzt ist, bleibt dem Pferd oft nur der Weg nach vorne. Für eine sicherere Variante stelle Dich daher leicht seitlich vor den Kopf des Pferdes. So gibst Du ihm etwas mehr Freiraum und minimierst das Risiko für Dich selbst.

Du kannst Schritt-Trab-Übergänge, Halten auf den Matten, Rückwärtstreten und Übertreten jederzeit in die Parcours integrieren.

Die Hindernisse

Die einzelnen Hindernisse longierst Du mit folgendem Zeitsytem:

MAXIMAL 6 Einheiten à 3 Minuten und dazwischen jeweils eine Minute Pause.

Die einfache Volte oder »Halbe-Volte-Gerade«

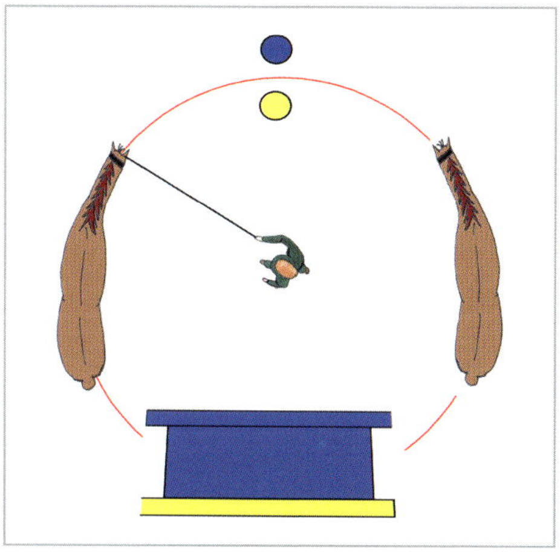

Die einfache Volte – gar nicht so einfach?
Auf den ersten Blick scheint die Volte eine unkomplizierte Übung zu sein. Moment mal, habe ich gerade »einfach« gesagt? Nun ja, genau hier liegt der Knackpunkt: Die Herausforderung besteht darin, die Volte tatsächlich rund zu halten – und nicht in eine »Ei-Form« ausarten zu lassen.
Zum Glück lässt sich dieses Problem ganz leicht lösen: Stelle zwei Pylonen als Abstandhalter und Wegweiser gegenüber der Matte

auf, sodass Dein Pferd in einer präzisen, runden Volte durchlongiert werden kann.
Bleibe dabei unverrückbar in der Mitte stehen und behaupte Deine Position. Dies hilft Deinem Pferd, die Volte noch exakter zu laufen..
Ein Hula-Hoop-Reifen in der Mitte der Volte kann Dich dabei unterstützen, Deine Position stabil und kontrolliert beizubehalten.
Longiere Dein Pferd zwei- bis dreimal in einer »Halben-Volte-Gerade« um die Gassen herum. Lass es auf der Matte ganz ohne Deine Hilfe geradeaus laufen. Keine Stellung, keine Biegung, keine Anlehnung und keine Stütze – Dein Pferd darf selbst tüfteln, wie es Balance und Koordination in den Griff bekommt.
Denk dran: Lernen macht Spaß, das gilt auch für Dein Pferd!

Wechsle danach die Hand und wiederhole die »Halbe-Volte-Gerade« erneut zwei- bis dreimal über die Matte. Für eine Volte ist ein Durchmesser von 6 Metern für ein durchschnittlich großes Warmblut ein guter Richtwert.

»Klugscheißermodus an«
Eigentlich müsste es ja »Dreiviertel-Volte-Gerade« heißen. Warum?
Ganz einfach: Die Gassen haben eine Länge von 3 Metern und Deine Volte sollte etwa 6 Meter im Durchmesser betragen. Um wirklich eine halbe Volte zu longieren, müssten die Gassen ebenfalls 6 Meter lang sein. Aber mal ehrlich: »Halbe-Volte-Gerade« klingt einfach viel cooler und bleibt besser im Kopf. Darum bleiben wir dabei. Punkt.
»Klugscheißermodus aus«

Grundsätzlich hast Du bei den Parcours die Wahl:
Möchtest Du Dein Pferd allein über die Matten und zwischen den Gassen laufen lassen, oder möchtest Du es in Stellung und Biegung eine komplette Volte longieren?
Das Prinzip der Dual-Aktivierung besteht darin, dass Dein Pferd lernt, sich ohne Stellung

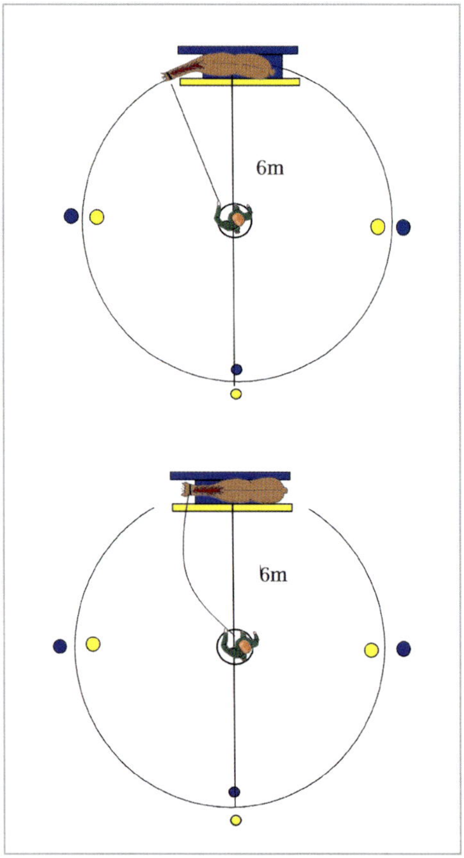

und Biegung zwischen den Gassen auszubalancieren. Gleichzeitig sollte es üben, eine Kreislinie auf den Matten zu laufen.
Falls beim Longieren einer Volte eine Seite offen ist und nicht wie bei der Quadratvolte eingerahmt, markiere sie am besten mit Pylonen. Bleibe dabei in der Mitte stehen, damit Du eine korrekte Volte longieren kannst.

Wenn Du die Volte noch klarer gestalten möchtest, kannst Du zusätzlich Pylonen aufstellen.

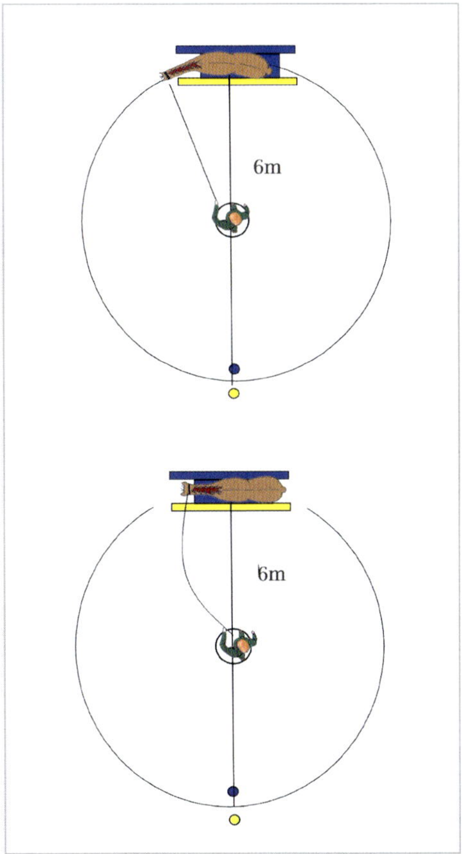

Das Viereck

Beim Viereck longierst Du über jede Ecke eine Volte. Auf den ersten Blick scheint das nicht besonders schwierig für Dein Pferd zu sein, doch bei genauerer Betrachtung wird deutlich, dass es durchaus seine Herausforderungen hat.

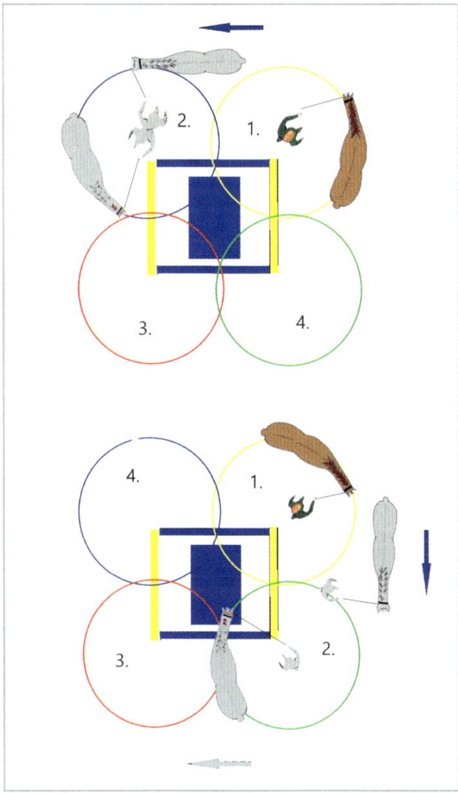

Für Dein Pferd ist das eine sehr herausfordernde Angelegenheit. Es muss auf einer gebogenen Linie koordiniert bleiben, die verschiedenen Abstände der Gassen und der Matte meistern und sich auf dem veränderten Untergrund zurechtfinden.

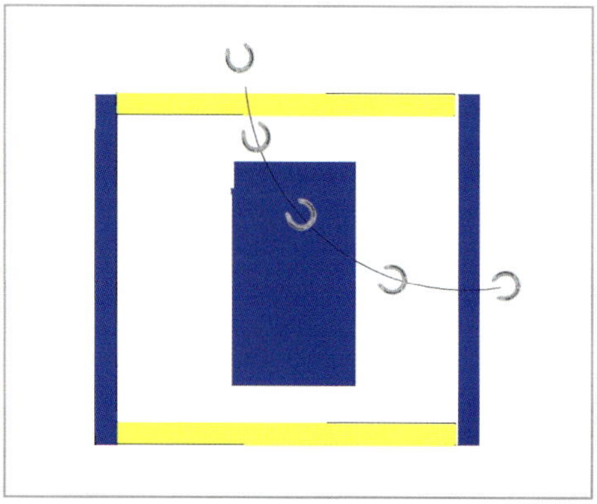

Zuerst muss es mit den Vorderbeinen über die Gasse auf den Bodenbelag treten, gefolgt von den Hinterbeinen. Danach geht es auf die Matten, anschließend wieder auf den Boden und dann erneut über die Gassen. Da ist nix mit schlurfen, Dein Pferd muss aufpassen!

Dadurch, dass Du jede Ecke des Vierecks longierst, bekommt Dein Pferd jedes Mal einen anderen Blickwinkel darauf präsentiert, und es sieht ein neues Bild. Den Laufweg auswendig zu lernen, ist somit nicht möglich – und das ist gut so, denn es muss aufmerksam bleiben.

Und los:

1. Du beginnst mit dem Viereck auf der linken Hand. Suche Dir eine Ecke aus und longiere Dein Pferd einmal in einer Volte über diese Ecke und über die Matte.

2. Sobald Du die erste Volte abgeschlossen hast, begleitest Du Dein Pferd auf der Geraden zur nächsten Volte (Nr. 2).

3. Fahre auf diese Weise fort, bis Du alle vier Ecken longiert hast.

4. Anschließend machst Du einen Handwechsel und beginnst die Volten auf der rechten Hand von vorne.

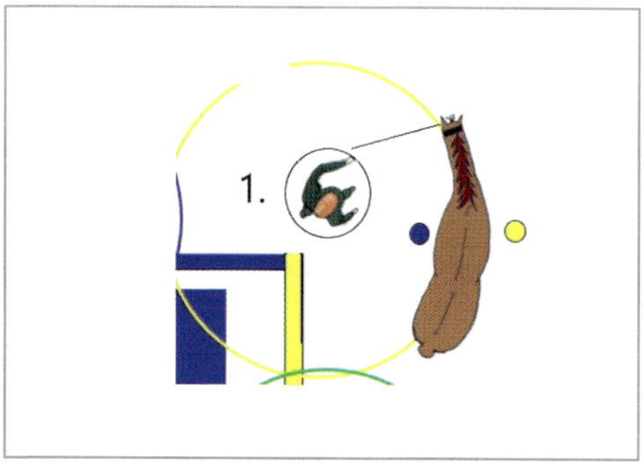

Achte darauf, dass Du an Deinem Platz stehen bleibst, damit die Volte auch tatsächlich eine Volte bleibt und nicht zu einem Ei mutiert. Du kannst die Größe der Volte außen zusätzlich mit Pylonen markieren. Zudem kannst Du Dir einen Hula-Hoop-Reifen als Positionsmarkierung hinlegen.
Um zunächst Deinen Laufweg zu finden, empfehlen wir Dir, 3 Minuten lang auf der linken Hand die Volten zu longieren. In der Pause wechselst Du die Hand und longierst 3 Minuten lang auf der rechten Hand.

Mit etwas Übung kannst Du die vier Volten auf der linken Hand longieren, dann die Hand wechseln und die vier Volten auf der rechten Hand absolvieren und so fort – alles innerhalb von 3 Minuten.

Variante Viereck

Du beginnst, wie bei der Volte über die Ecke, Dein Pferd zu longieren (1). Anstatt die Volte abzuschließen, longierst Du Dein Pferd geradeaus über die Länge der Matte. Dabei gehst Du entlang der gelben Gasse und begleitest es an der Schulter (2).

An der nächsten Ecke bleibst Du erneut stehen und longierst Dein Pferd wieder über die Ecke des Vierecks (3), bevor Du es geradeaus über die Breite der Matte weiter longierst (4). Longiere die 2 verbliebenen Ecken ebenso, danach erfolgt der Handwechsel auf die rechte Hand.

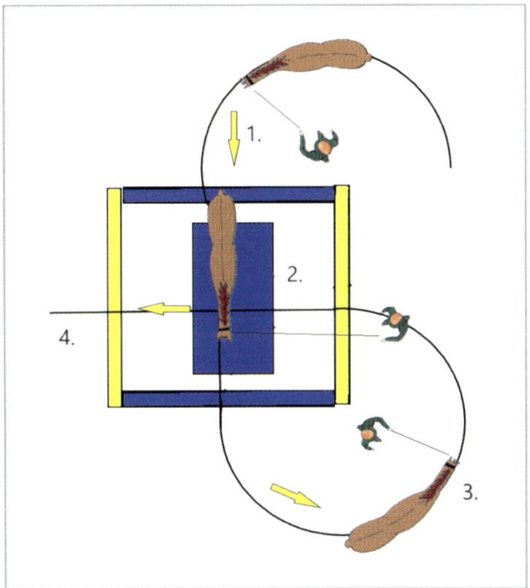

Natürlich kannst Du auch hier zunächst 3 Minuten auf der linken Hand bleiben und dann in der Pause auf die rechte Hand wechseln, bis Du den Laufweg gut kennst und alles reibungslos funktioniert.

Das Dreieck

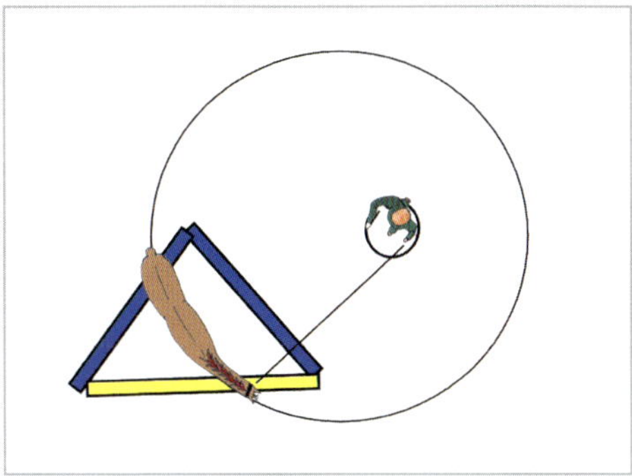

Lege Dir einen Hula-Hoop-Reifen als Positionspunkt für Dich in einem Abstand von ca. 3 m mittig einer Gasse vom Dreieck entfernt. Longiere Dein Pferd 2–3-mal auf der linken Hand in einer Volte über das Dreieck.

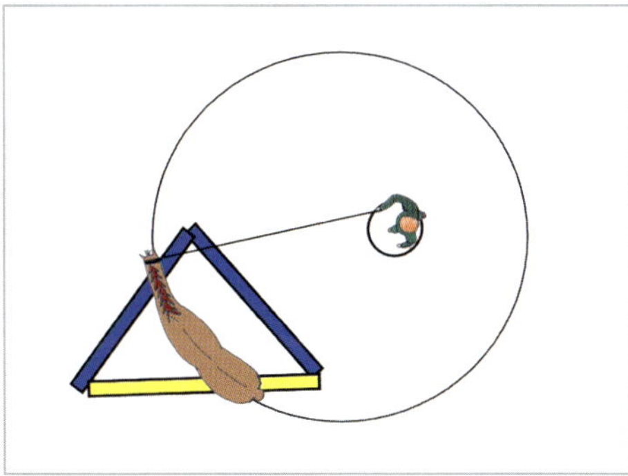

Danach machst Du einen Handwechsel und longierst Dein Pferd 2–3-mal auf der rechten Hand, in einer Volte, über das Dreieck.

Klappt das gut, kannst Du Deine Position während der Übung wechseln. Dazu begleitest Du Dein Pferd an der Schulter zu Deinem zweiten Positionspunkt. Den hast Du Dir als zweiten Hula-Hoop-Reifen im Abstand von

3 Metern an die Spitze des Dreiecks gelegt. Longiere Dein Pferd dann ebenfalls 2–3-mal in einer Volte, zuerst linke Hand, dann rechte Hand über die Spitze des Dreiecks.

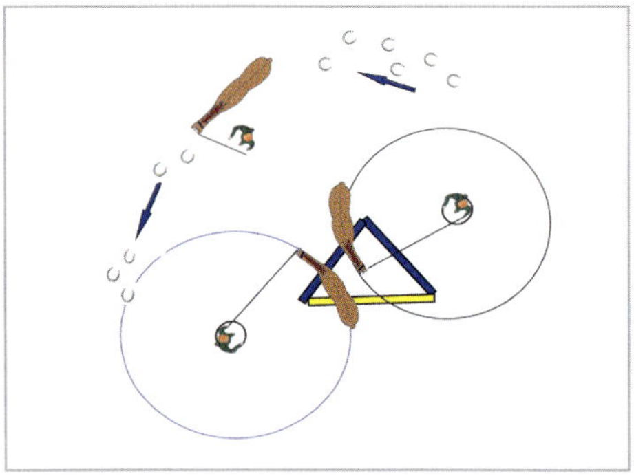

Der Winkel, den Dein Pferd im Dreieck überqueren muss, wird von Deinem Pferd immer aus einem anderen Blickwinkel wahrgenommen und es bleibt aufmerksam.

Die Steigerung hier wäre, dass Du Dein Pferd nur jeweils eine Volte über das Dreieck longierst und danach den Wechsel auf die andere Hand machst.

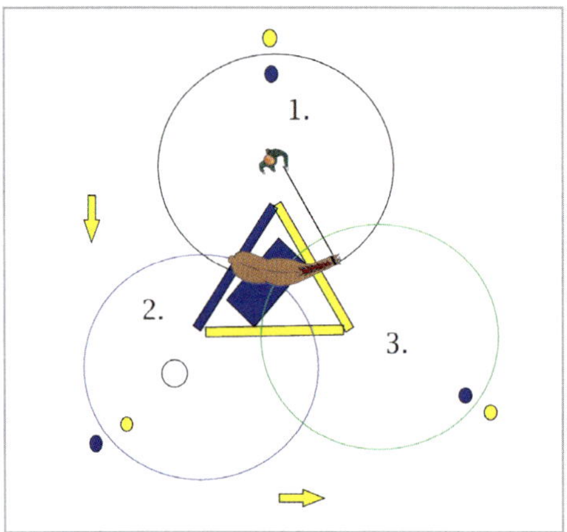

Wenn Du eine Matte in das Dreieck legst, hast Du den gleichen Effekt wie beim Viereck mit Matte. Zunächst setzt das Pferd seine Vorderbeine über die Gasse auf den Bodenbelag, gefolgt von den Hinterbeinen. Danach bewegt es sich weiter auf die Matten, tritt anschließend zurück auf den Boden und überquert abschließend erneut die Gassen.

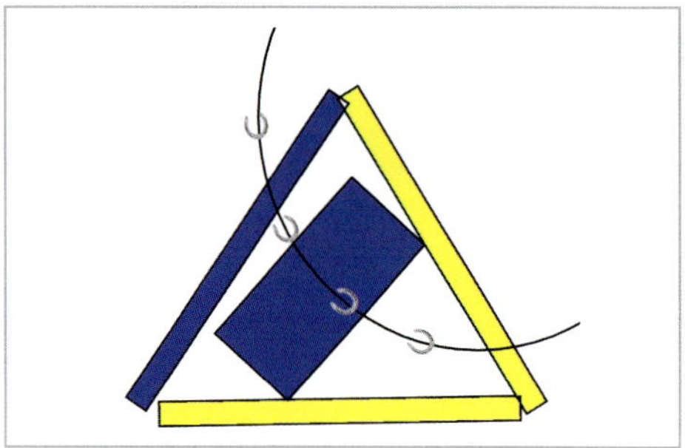

Die Achterschlaufen sind wertvoll!

Einen EquiGym®-Parcours ohne Achterschlaufen kann man gestalten. Wir würden Dir jedoch empfehlen, die Achterschlaufen immer in Deinen Parcours einzubauen, da diese Übung sehr wertvoll ist. Mit den Achterschlaufen gymnastizierst Du Dein Pferd gleichmäßig von beiden Seiten.

Auch die Beziehung zu Deinem Pferd wird sich verbessern, denn hier bist Du besonders konzentriert und gut positioniert. Natürlich sollte das immer der Fall sein, aber in dieser Übung fällt sofort auf, wenn Du nicht fokussiert bist, da sie dann einfach nicht klappt.

Aufbau der Achterschlaufen:

Lege Dir zwei Gassen und platziere in jeder Gasse eine Matte. Im Abstand von etwa 6 Metern wiederholst Du dasselbe. Zusätzlich benötigst Du sechs Pylonen. Diese stellst Du jeweils am Ende einer Gasse in einem Halbkreis auf, damit die Pferde eine Kreislinie laufen, wenn sie aus den Gassen herauskommen, anstatt eine enge Wendung zu machen.

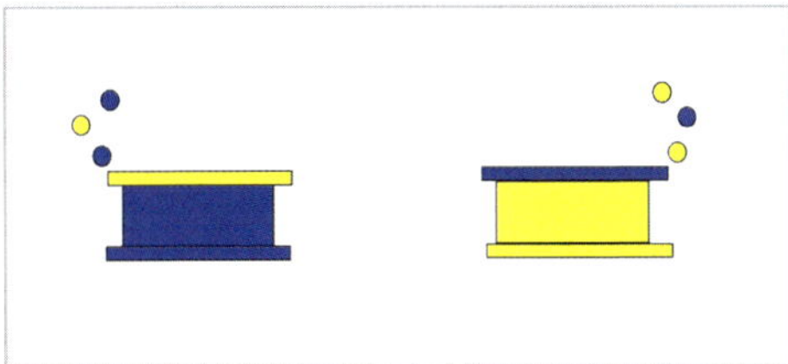

Herzlichen Glückwunsch, der Aufbau steht!

Jetzt kommt der Teil, bei dem Du eine klare Position und gute Führung benötigst.

Longiere Dein Pferd von der Mitte aus über die erste Gasse, zum Beispiel auf der linken Hand. Begleite es an der Schulter mit entsprechendem Abstand damit es nicht von den Matten herunterhüpft oder die Strecke abkürzt. Longiere es dann um die drei Pylonen auf der Kreislinie. Gehe rückwärts zur Mitte der Gassen zurück, bleibe stehen und warte, bis Dein Pferd bei Dir ist. Jetzt solltest Du Dein Pferd an Dir vorbei zur nächsten Matte longieren. Dein Pferd ist jetzt auf der rechten Hand. Wiederhole die Übung wie zuvor auf der linken Hand, und schon ist die erste Achterschlaufe abgeschlossen.

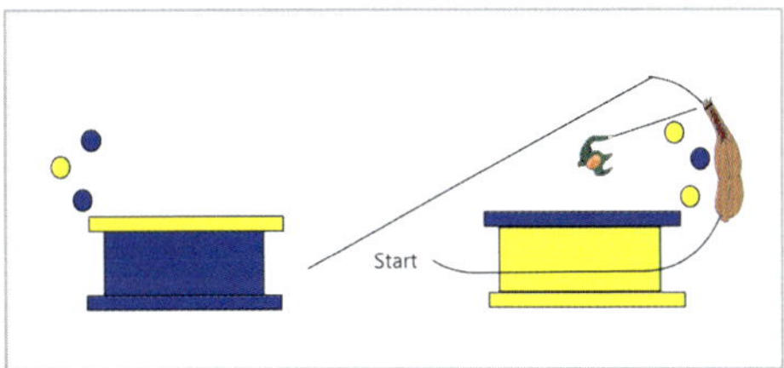

1. Longiere Dein Pferd über die gelbe Matte und begleite es an der Schulter. Longiere es um die Pylonen herum. Dabei bleibst Du stehen.

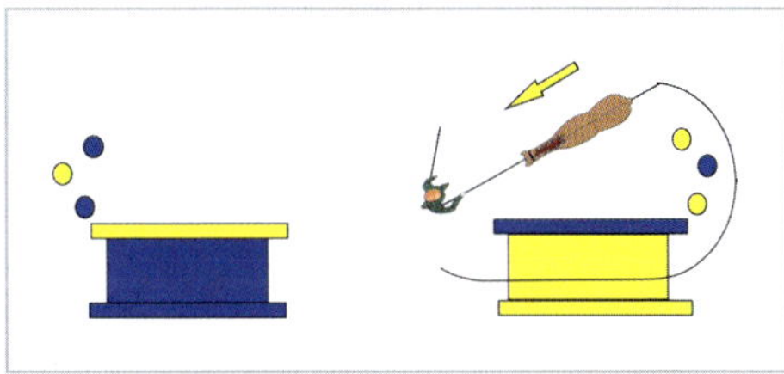

2. Hat Dein Pferd die letzte Pylone passiert, gehst Du rückwärts und longierst Dein Pferd frontal zur Mitte der beiden Gassen.

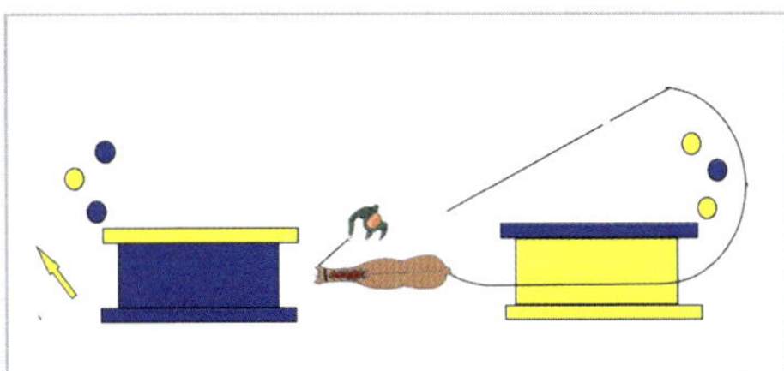

3. Du bleibst stehen, lässt Dein Pferd an Dir vorbei auf die blaue Matte gehen und begleitest es an der Schulter.

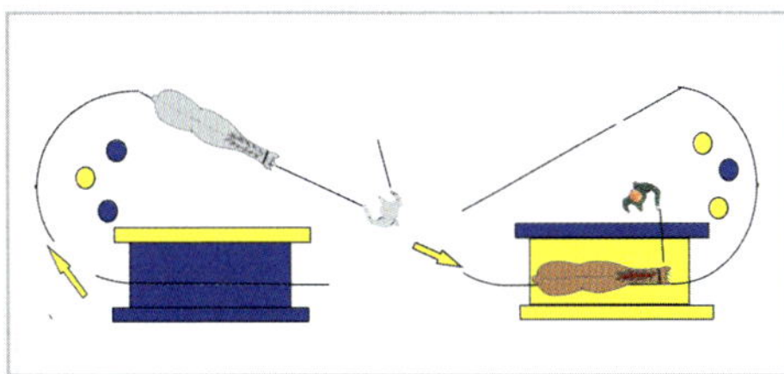

4. Das Gleiche machst Du über die blaue Matte. Dann bist Du wieder am Startpunkt und die Acht ist vollendet!

Das kleine Hashtag

Das kleine Hashtag oder die Raute hat es wirklich in sich – oder besser gesagt: in den Gassen. Dein Pferd wird hier gezwungen, ständig neue Laufwege zu gehen. Vermutlich denkt es: »Ach, warum einfach, wenn's auch kompliziert geht?«

Die mentale Anstrengung ist übrigens ungefähr so, als würde Dein Pferd Sudoku lösen, während Du es in der Volte über kleine Kreuze schickst. Während Dein Pferd mit seiner Konzentration kämpft, bist Du als Longier-Choreograf gefragt, indem Du es genau über die Ecken longierst.

Körperlich ist die Raute auch ein echter Fitnesskurs für Dein Pferd. Es lernt quasi Breakdance für Fortgeschrittene: Hinterhand hier, Vorderhand da – es ist die equine Version von »Let's Dance«, da Dein Pferd auf der gebogenen Linie Gassen überwinden muss.

Beim kleinen Hashtag verzichten wir auf eine Matte – einfach aus Platzgründen. Es eignet sich hervorragend, um es mit anderen Hindernissen und einer Matte zu einem kreativen Parcours zu kombinieren.

Das kleine Hashtag umzirkeln und »umvolten« wir.

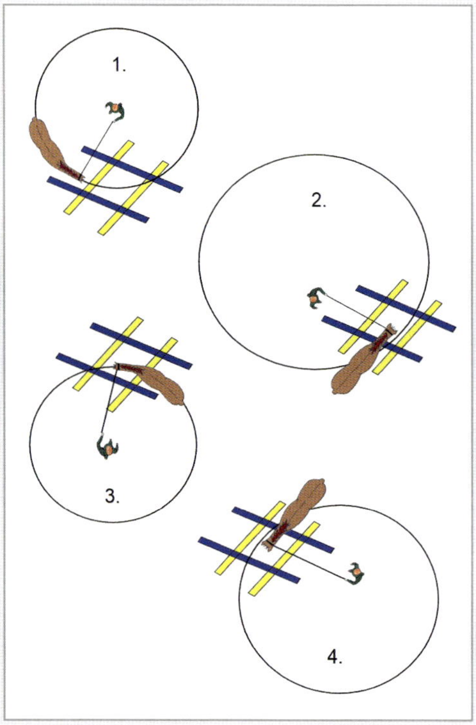

1. Du beginnst, indem Du Dein Pferd in einer Volte von der gelben Gasse aus über die rechte obere Ecke longierst.

2. Anschließend wechselst Du Deine Position und longierst über die beiden blauen Gassen.

3. Führe Dein Pferd zur unteren rechten Ecke, dann über die gelbe Gasse und zur linken unteren Ecke.

4. Bevor Du die Hand auf die rechte Seite wechselst, longierst Du Dein Pferd von oben über die beiden blauen Gassen.

Leg die Farben anders!

Du kannst die Gassen farblich auch anders anordnen, um Deinem Pferd zusätzliche visuelle Anreize zu bieten. Selbst wenn die Veränderung zunächst geringfügig wirkt, kann sie für Dein Pferd eine neue und interessante Herausforderung darstellen – obwohl die Grundform unverändert bleibt.

Das große Hashtag

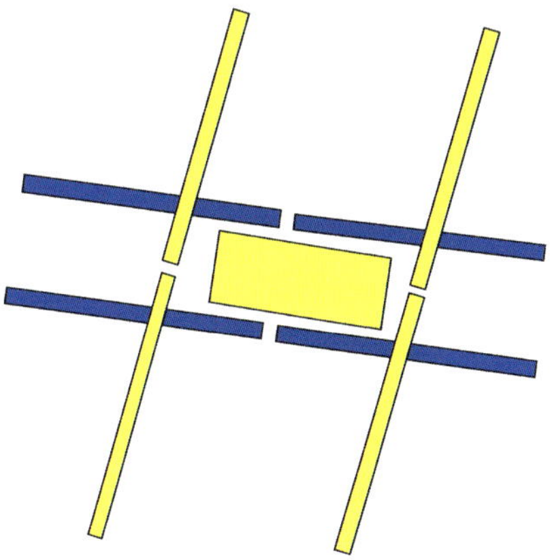

Nicht, dass Du denkst, uns fällt nichts mehr ein, wie wir die Matte in eine Raute integrieren könnten. Der Geitnersche Thinktank hat dafür das »große Hashtag« erfunden.

Hierbei platzierst Du die Matte in der Mitte Deines Aufbaus. Ein echtes *Let's Dance*-Finale für Dein Pferd!

Durch die Zwischenräume, die durch die Gassen und die Matte entstehen, wird Dein Pferd ordentlich gefordert – sein Kopf raucht und die Muskeln arbeiten. Na ja, vielleicht nicht ganz so dramatisch, aber es ist definitiv anstrengend!

Das große Hashtag bietet die gleichen Vorteile wie die klassischen Walk-Over-Hindernisse, allerdings mit einem erhöhten Schwierigkeitsgrad.

Du longierst das große Hashtag genauso wie das kleine. Es kann entweder als eigenständiges Hindernis genutzt oder in einen Parcours integriert werden. Die Vielseitigkeit des großen Hashtags macht es zu einem perfekten Tool für abwechslungsreiche und anspruchsvolle Trainingseinheiten.

Die Treppe

Die Treppe ist eine grundlegende und einfache Übung.

Im Grunde handelt es sich lediglich um vier Schaumstoffbalken, die in unregelmäßigen Abständen auf dem Boden ausgelegt sind – aber wir brauchen ja schließlich einen Namen dafür.

Zwischen den Balken legst Du Matten aus. Ob Du eine, zwei oder – wenn genug Matten vorhanden sind – sogar drei verwendest, bleibt Dir überlassen. Und voilà, die Mattentreppe ist fertig.

Das Prinzip ist simpel: Du longierst Dein Pferd einmal über die Treppe, führst es anschließend durch zwei komplette Achterschlaufen durch die Ecken und fügst eine halbe Schleife hinzu, um die Hand zu wechseln. Danach geht es wieder über die Treppe, gefolgt von weiteren Achterschlaufen auf der gegenüberliegenden Seite – und so weiter.

Für Dich bedeutet das wenig »Hirnsalat«, für Dein Pferd allerdings schon. Die unregelmäßig platzierten Balken zwingen es dazu, aufmerksam zu sein und seine Beine bewusst zu setzen. Ziel ist es, dass Dein Pferd lernt, seine Schrittweite an die Abstände zwischen den Balken anzupassen, ohne zusätzliche Zwischenschritte einzubauen – oder, noch schlimmer, die Gassen zu ignorieren und draufzutreten. Das schult die Vor- und Hinterhandkoordination.

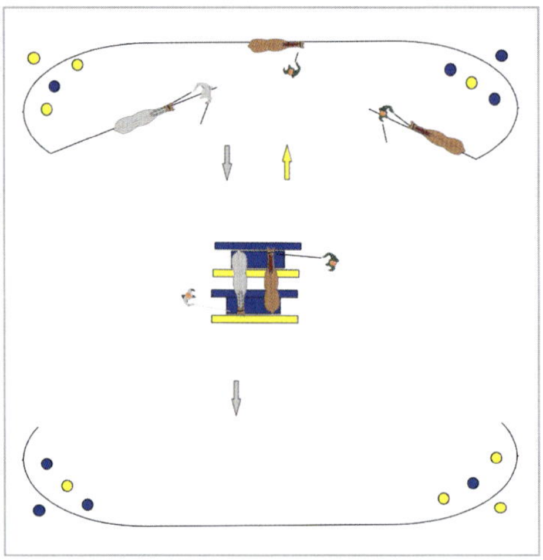

Falls Du Dich fragst, was zu tun ist, wenn Dein Pferd auf die Gassen tritt, findest Du weitere Tipps und Hinweise am Ende des Buchs im Abschnitt »Troubleshooting!«

Du kannst die Übung mit der Treppe erweitern, indem Du zusätzlich Volten entlang der längsgelegten Matten einbaust. Nachdem Du die Achterschlaufen absolviert hast, longierst Du zunächst eine Volte längs über eine der

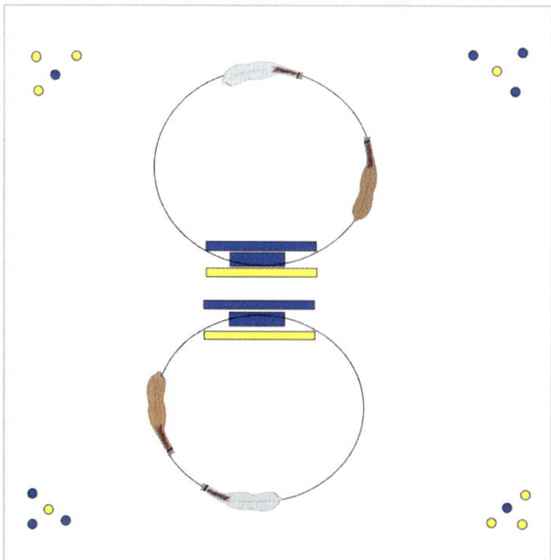

Matten. Anschließend führst Du Dein Pferd über die Treppe. Bevor Du in die oberen Achterschlaufen wechselst, longierst Du erneut eine Volte längs über die Matte.

Das bringt mehr Abwechslung in die Übung und fordert Dein Pferd, seine Bewegungen weiter zu koordinieren und seine Aufmerksamkeit zu schulen.

Kleine Variante gefällig? Bitte schön!

Das Zickzack

Für das Zickzack baust Du die Treppe entsprechend um. Auch hier sind die Dual-Gassen® bewusst nicht auf die Schrittlänge Deines Pferdes abgestimmt – schließlich soll es selbstständig den besten Weg finden.

Das Zickzack longierst Du genauso wie die Treppe.

Dieses Setup bietet eine weitere spannende Herausforderung: Dein Pferd muss sich erneut an anderen variierenden Abständen der Gassen und den wechselnden Untergrund anpassen. Dadurch wird der Schwierigkeitsgrad im Vergleich zur Treppe nochmals erhöht.

Zuerst setzt Dein Pferd die Vorderbeine über die Gasse auf den Bodenbelag, gefolgt von den Hinterbeinen. Danach geht es auf die Matte, anschließend wieder auf den Boden und dann erneut über die Gassen.

Das bedeutet wieder: Kein Schlurfen erlaubt! Stattdessen heißt es »Aufpassmodus« aktivieren, was die Konzentration und Koordination Deines Pferdes nochmals fördert.

Die Quadratvolte longiert

Der Aufbau

Um eine exakte Quadratvolte zu erhalten, legst Du zunächst ein Kreuz aus den 3 m langen Dual-Gassen®.

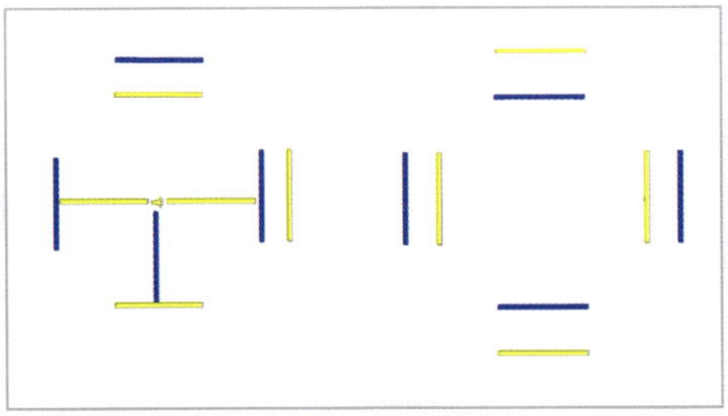

Platziere anschließend die senkrechten Gassen parallel zu den waagerecht gelegten Elementen.

REMINDER:

Dein Trainingssystem umfasst maximal 6 Einheiten à 3 Minuten, jeweils mit einer Minute Pause dazwischen.
Diese Regel gilt immer, außer bei der Equikinetic®.

Wenn es Deinem Pferd zu anstrengend wird, reduziere die Anzahl der Einheiten. Du kannst das gesamte Training im Schritt durchführen oder den Trab hinzufügen – passe es individuell an die Bedürfnisse Deines Pferdes an.

Denk daran: Steigern ist jederzeit möglich. Fang einfach an und entwickle Dich gemeinsam mit Deinem Pferd weiter!

So entsteht eine Quadratvolte mit einem Durchmesser von ca. 8 m, gemessen von Hufschlag zu Hufschlag.

Wenn Du Deine Quadratvolte vergrößern möchtest, verschiebe die innere Gasse nach außen. Dadurch erhält die Quadratvolte einen Durchmesser von etwa 10 m.

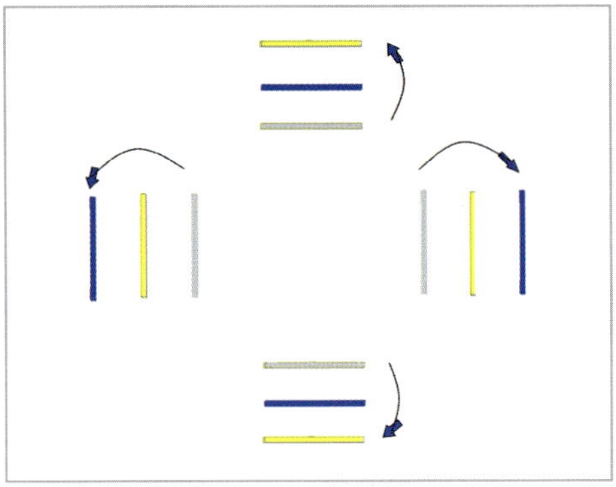

Lege eine Matte zwischen die Gassen der Quadratvolte – bis zu vier Matten sind möglich, allerdings ist das schon eine sehr, sehr anspruchsvolle Variante.

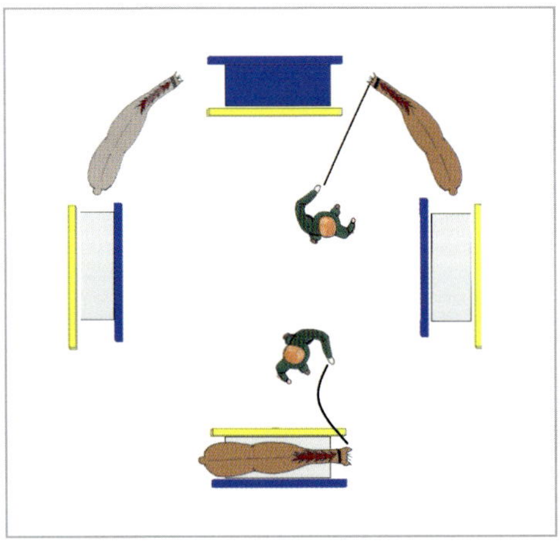

So longierst Du die klassische Quadratvolte

- In den »Kurven«, also zwischen den Matten, stellst Du Dein Pferd leicht nach innen.

- Über den Matten und zwischen den Gassen lässt Du die Longe nach und Dein Pferd dadurch aus der Stellung heraus.

- Es soll eigenständig seinen Weg über die Matten suchen, dabei seine Balance finden und sich selbst darum kümmern, wie es seine Beine setzt.

- Innerhalb der 3-Minuten-Einheit solltest Du die Hand wechseln. Zum Beispiel: 2 Runden auf der linken Hand, dann Handwechsel, und 2 Runden auf der rechten Hand.

Sobald Dein Pferd etwas besser trainiert ist und Du die Intensität steigern möchtest, kannst Du zwei Gassen quer auf die jeweils gegenüberliegenden Seiten der Quadratvolte legen. Diese Variante ist ideal, um Dein Pferd dazu zu bringen, die Beine bewusster und kadenzierter anzuheben – besonders hilfreich für »Schlurfis«.

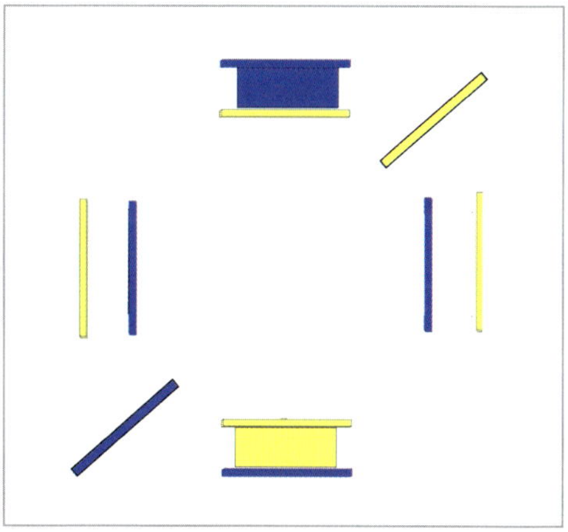

Da diese Übung anspruchsvoller ist, achte unbedingt auf mögliche Überforderungsanzeichen und reduziere bei Bedarf die Einheiten.

Noch eine Steigerung wäre in die Ecken EquiGym®-Blöcke als höhere Walk-Over einzubauen. Eine Steigerung ist natürlich immer möglich – aber nicht zwingend notwendig!

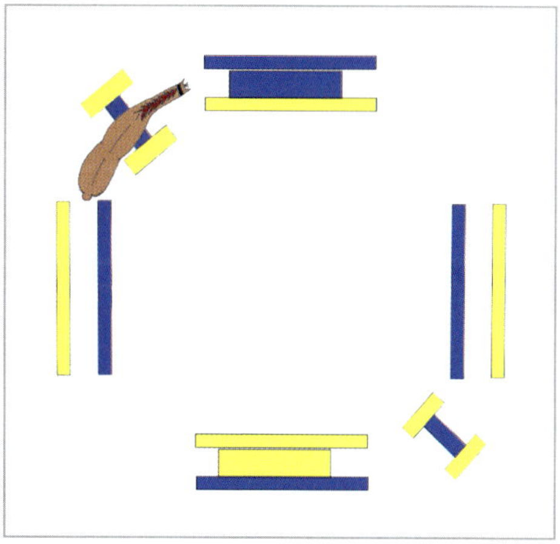

Die ultimative Steigerung wäre, 4 Matten und 4 EquiGym®-Blöcke in die Quadratvolte zu integrieren. Das wäre sozusagen der »Grand Prix« der Quadratvolte und eignet sich für das Feintuning eines bereits sehr gut trainierten Pferdes. Dennoch reicht es vollkommen aus, bei den einfacheren Varianten zu bleiben, selbst wenn Dein Pferd schon gut trainiert ist.

Wenn Du die EquiGym®-Blöcke in die offenen inneren Seiten der Quadratvolte legst, erzeugen sie einen visuellen »Bollwerk-Effekt«. Das hilft besonders dabei zu verhindern, dass Dein Pferd auf die innere Schulter fällt. Alternativ kannst Du Pylonen verwenden, diese sind jedoch etwas weniger effektiv.
Schert Dein Pferd mit der Hinterhand aus, begrenze auch die äußere Seite. Dafür kannst Du Dual-Gassen® oder Pylonen nutzen.

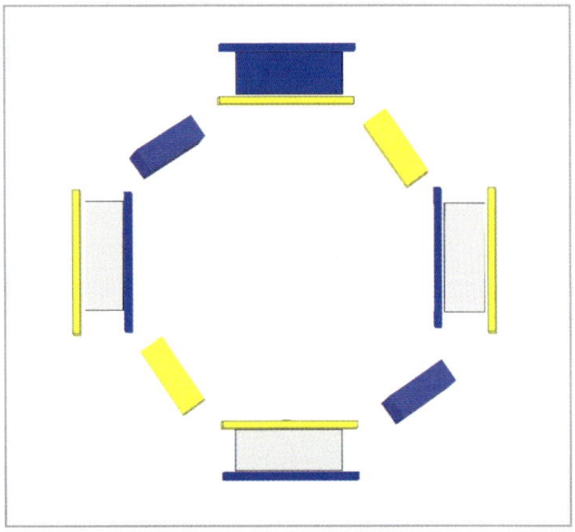

Unschlagbar gut: Das Kleeblatt!

Beim Kleeblatt legst Du die Dual-Gassen® zu einem Kreuz. Zum Kleeblatt wird es erst, wenn Du es longierst. Achte darauf, dass die Zwischenräume so breit gelegt sind, dass Du bequem hindurchgehen kannst, ohne über die Gassen zu stolpern.

Navigationsanleitung: »Biegen Sie an der nächstmöglichen Einfahrt links ab.«

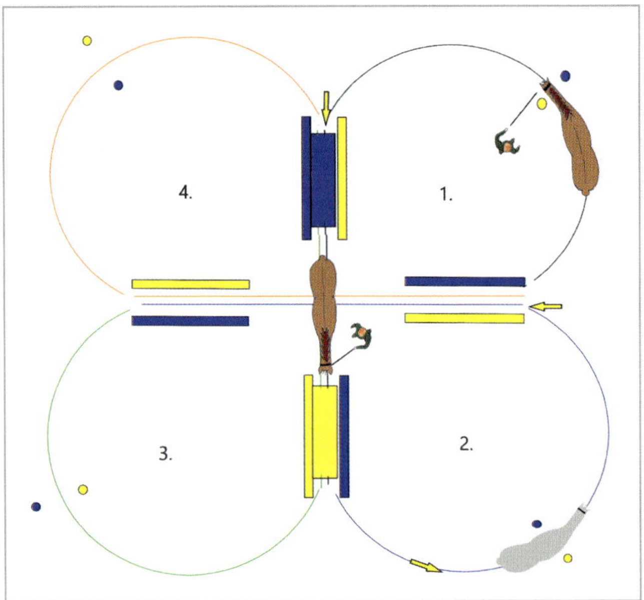

1. Longiere Dein Pferd zunächst im Schritt auf einer Volte zur blauen Matte. Dann gib die Anlehnung auf und lass Dein Pferd alleine über die Gassen laufen. Es soll sich selbst zurechtfinden.

2. Longiere es weiter geradeaus über die gelbe Matte. Danach biegst Du auf die Volte Nr. 2 ab.

3. Du longierst Dein Pferd durch die beiden Gassen ohne Matte und biegst auf die Volte Nr. 3 ab.

4. Nach der 3. Volte fädelst Du von unten wieder in die beiden Gassen ein und longierst es zuerst über die blaue, dann über die gelbe Matte. Es folgt Volte Nr. 4, erneut durch die beiden Gassen ohne Matte.

5. Danach folgt ein Handwechsel und Du longierst Dein Pferd auf der rechten Hand durch das Kleeblatt.

Klappt das im Schritt gut, kannst Du Dein Pferd das Kleeblatt im Trab ausführen lassen. Es ist eine einfache, effektive Übung. Nichtsdestotrotz kann es auch mal zu ein paar Problemen im Trab kommen.

Ein paar Tipps

Du hast die Vorschläge, die wir Dir zum Longieren gegeben haben, bereits umgesetzt. Dennoch klappt es mit dem Trab noch nicht so, wie Du es Dir vorstellst?

Zu viel »Go«

Dein Pferd ist in den beiden Gassen im Trab zu schnell unterwegs und »läuft Dir davon«.
Mögliche Ursache: Dein Pferd hat noch Schwierigkeiten, das langsame Tempo zu halten, das Du vorgibst. Es gerät in eine Mischung aus »nicht zuhören« und »nicht ausbalanciert sein« und versucht, die Unsicherheit durch Geschwindigkeit auszugleichen.

Lösungsansatz: Zunächst kannst Du das Kleeblatt ohne die Matten aufbauen. Auf der geraden Linie, durch die beiden Gassen, möchte Dein Pferd so schnell wie möglich laufen, und die Matten könnten dabei anfangs hinderlich sein. Starte den Trab nicht am Anfang der beiden Gassen, sondern am Ende der zweiten Gasse, kurz bevor es in eine Volte geht. Die gebogene Linie der Volte hilft Deinem Pferd, die Geschwindigkeit zu reduzieren. Sobald Du wieder ins Kleeblatt einbiegst, parierst Du Dein Pferd zum Schritt durch.

Wenn das gut funktioniert, kannst Du nach und nach damit beginnen, Dein Pferd immer früher in den Gassen antraben zu lassen und es länger im Trab zu halten – auch nach der Volte. Falls es erneut »Gas geben« möchte, pariere es konsequent zum Schritt durch, bevor Du es wieder ruhig antrabst.
Übe das so lange, bis Dein Pferd die beiden Gassen geradeaus traben kann, ohne Dir wegzulaufen.

No Energie

Die andere Variante: Dein Pferd mag nicht antraben, Du wünschst Dir, dass es etwas mehr »Go« zeigt? An Deiner Energie und Hilfengebung liegt es nicht und trotzdem mag Dein Pferd das Kleeblatt nicht im Trab ausführen?

So gehst Du vor: Die Matten legst Du mit ins Kleeblatt. Starte den Trab jedoch nicht auf den Volten – diese erfordern mehr Kraft, und Dein Pferd scheint Energie sparen zu wollen, da ihm genau diese Kraft dazu noch fehlt. Stattdessen sind die gerade Strecke besser zum Antraben geeignet.

Beginne also damit, Dein Pferd auf der Geraden anzutraben, und pariere es in den Volten zunächst wieder zum Schritt durch. Die Matten helfen dabei, die Schrittweite Deines Pferdes zu verbessern, was es insgesamt ein wenig fleißiger macht.

Sobald der Trab auf den geraden Gassen gut klappt, kannst Du nach und nach die Volten hinzufügen.

Pferdetraining ist nicht immer schwierig, erfordert aber Geduld und Zeit.

Das Kleeblatt Nr. 2 mit Volten

Du kannst das Kleeblatt nur mit Volten longieren. Dabei wird die Arbeit für Dein Pferd anspruchsvoller, da es nicht durch gerade Linien entlastet wird und sich weniger strecken kann.

Beginne mit der ersten Volte.

Wenn sich Dein Pferd an der offenen Seite befindet und seine Schulter auf Deiner Höhe ist, führst Du es nahtlos in die zweite Volte.

Es folgen Volten Nr. 3 und 4.

Sobald Du wieder bei der ersten Volte angekommen bist, lässt Du Dein Pferd die Hand wechseln und führst die Übung auf der anderen Seite aus.

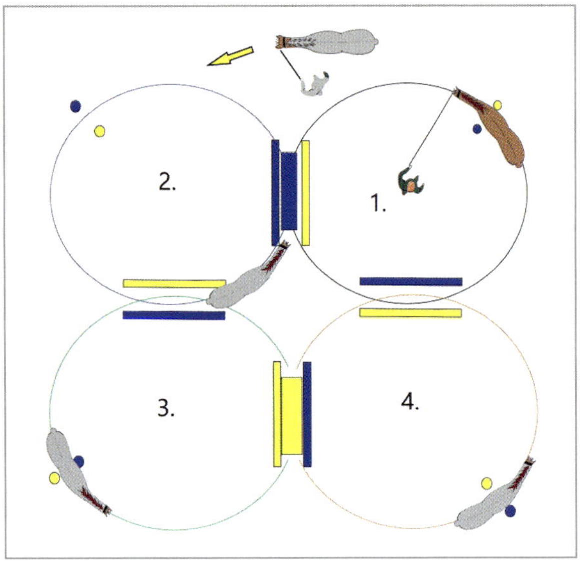

Läuft Dein Pferd in den Volten über die Matten, kannst Du variieren. Anfangs gibst Du mit der Longe nach und entlässt es aus der Stellung. Zur Steigerung lässt Du es in Stellung und in Biegung die komplette Volte laufen. Das fördert die Geraderichtung und Dein Pferd versammelt sich entsprechend der Volte etwas. Das ist eine super gymnastizierende Übung und baut Muckis auf.

Hier die Steigerung: Das Kleeblatt Nr. 3 mit Walk-Over in den Volten

Variante Nr. 3 ist ein anspruchsvolles Workout für Dein Pferd. Diesmal kombinierst Du die Volten des Kleeblatts mit quergelegten Gassen als Walk-Over – eine spannende und fordernde Übung!

Beginne mit Volte Nr. 1. Sobald Dein Pferd mit der Schulter auf Deiner Höhe ist, begleitest Du es bis zur ersten Gasse. Dort bleibst Du stehen und lässt es in einer Volte über die quergelegte Gasse und die Matte laufen.

Anschließend geht es weiter zur nächsten Volte:

- Volte Nr. 2 durch die Gassen, dann über die Gasse.
- Volte Nr. 3 durch die Gassen, anschließend wieder über die Gasse.
- Volte Nr. 4 durch die Gassen und erneut über die Gasse.

Und dann? Genau: Handwechsel! Führe die Übung nun auf der anderen Hand aus.

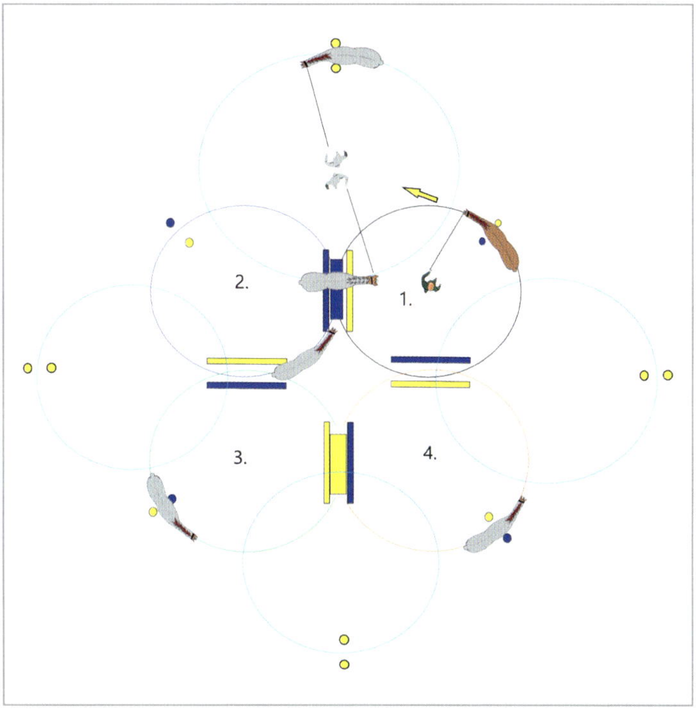

Eine heiße Voltentour – eine echte Herausforderung für Körper und Geist Deines Pferdes. Damit es keinen Drehwurm bekommt, überfordert wird oder die Lust verliert, kannst Du die Übung anfangs vereinfachen. Zum Beispiel, indem Du nur jede zweite Gasse als Walk-Over nutzt oder die Volten zwischen den Gassen weglässt.

Achte besonders bei dieser Übung auf Überforderungsanzeichen Deines Pferdes.

Das Ganze ist nicht nur körperlich anstrengend, sondern auch eine echte Herausforderung fürs Gehirn.

Letztlich aber eine tolle Möglichkeit, gemeinsam an Balance und Koordination zu arbeiten!

Die Kombi

Du kannst die drei Varianten auch wunderbar kombinieren. Zum Beispiel beginnst Du mit Kleeblatt Nr. 1 für die ersten beiden Einheiten Deines Zeitsystems. Anschließend wechselst Du zu Kleeblatt Nr. 2 und longierst Dein Pferd zweimal für jeweils 3 Minuten hindurch. Zum Abschluss nutzt Du Kleeblatt Nr. 3 für die letzten beiden Einheiten. Wie immer kannst Du alles im Schritt longieren und den Trab hinzufügen.

Kleiner Tipp: Starte mit dem einfachen Einstieg. Arbeite zunächst mit Kleeblatt Nr. 1, bis der Ablauf wirklich reibungslos funktioniert.

Wie immer gilt: Sobald Du den Weg, den Ablauf und die Longenführung sicher beherrschst, werden auch die anderen beiden Varianten für Dich kein Problem mehr sein.

Der Pylonenzirkel

Der Pylonenzirkel gehört zu den Klassikern der blau-gelben Trainingswelt. Du kannst zusätzlich zu den EquiGym®-Matten noch zwei Gassen als Walk-Over in den Pylonenzirkel integrieren.

Passe die Größe des Zirkels individuell an Dein Pferd an. Achte jedoch darauf, dass der Durchmesser von Hufschlag zu Hufschlag mindestens 8 Meter beträgt.

Longiere Dein Pferd innerhalb der 3 Minuten, die eine Einheit dauert, 2–3-mal auf einer Hand und wechsle anschließend zur anderen Hand. Für zusätzliche Abwechslung kannst Du auch zwei Volten nach innen longieren – idealerweise über die EquiGym®-Matten.

Der Pylonenzirkel mag einfach aussehen, aber unterschätze ihn nicht! Wir empfehlen, das Pferd über den Matten aus der Stellung und Biegung herauszuführen. So wird es gefordert, sich selbst auszubalancieren.

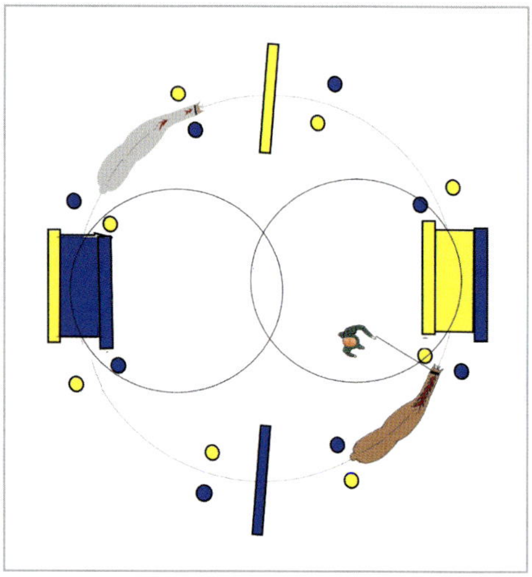

Aufbautipp:

Den Pylonenzirkel baust Du am besten mit Hilfe einer Longe auf. Unsere Equikinetic®-Longe hat beispielsweise eine Länge von 4,5 m.
Bitte eine Helferin oder einen Helfer, sich in die Mitte zu stellen. Spanne die Longe und markiere den Kreis. So erhältst Du einen Innendurchmesser von exakt 9 m.

Die Mutter aller Gassen

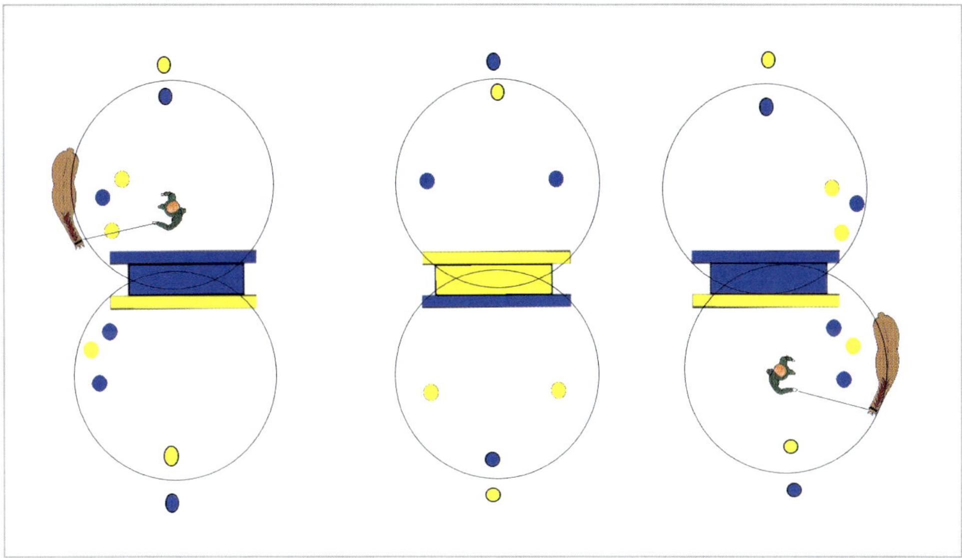

Lege die Dual-Gassen® nacheinander in einer Reihe aus. Passe die Abstände individuell an Dein Pferd an – ein Richtwert wären 2–3 Meter Platz zwischen den Gassen und Matten.

Positioniere die Pylonen an den Enden der Gassen so, dass Dein Pferd bei Übergängen in die Volte oder aus der Volte heraus einer gebogenen Linie folgt. Dadurch vermeidest Du, dass die Bewegung zu einem »Kurzkehrt« wird.

In der mittleren Gasse kannst Du die Pylonen wie am Ende der Gassen aufstellen. Für einen flüssigen »Flow« reicht es jedoch oft, wenn Du hier nur zwei Pylonen nutzt.

Damit die Volten die richtige Größe haben, benötigst Du Abstandsmesser. Diese Größe hängt, wie Du Dir denken kannst, von Deinem Pferd ab.
Für ein durchschnittlich großes Warmblut ist ein Abstand von 5–6 Metern von der Mitte der Matte bis zur Mitte der Pylonen ein guter Richtwert.

Alternativ zu den Pylonen kannst Du auch blau-gelbe Platzteller verwenden. Dennoch bieten die Pylonen für Dein Pferd einen deutlich beeindruckenderen visuellen Reiz und sind daher zu empfehlen.

Der Fächer – für die Könner!

Der Fächer ist ein anspruchsvolles Hindernis für Dein Pferd – selbst ohne Matten. Die Gassenabstände entsprechen nicht der Norm, sondern sind an die Schritt- oder Trittweite Deines Pferdes angepasst.

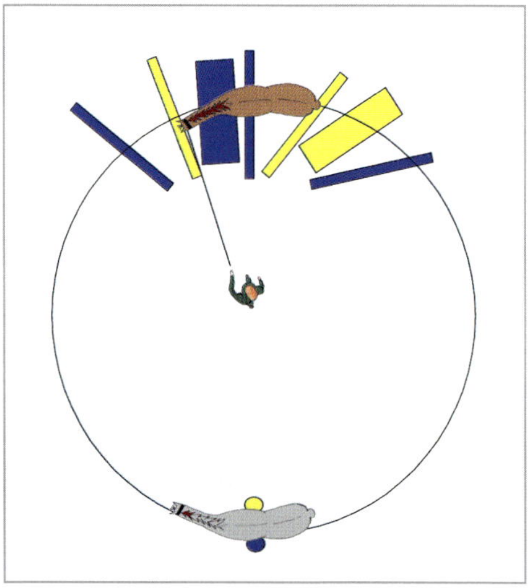

Dieses Hindernis darfst Du nicht unterschätzen, da es sich um ein Walk-Over auf gebogener Linie handelt. Es fordert Dein Pferd sowohl körperlich als auch mental und kann es schnell müde machen.

Wenn die Konzentration nachlässt, steigt die Gefahr, dass Dein Pferd auf eine Gasse tritt. Das passiert häufiger, als Du vielleicht denkst. Glücklicherweise bestehen die Gassen nicht aus Holz, da wäre das Verletzungsrisiko viel größer. Das ist der Grund, warum wir in der blau-gelben Trainingswelt bewusst auf Holzstangen verzichten.

Ein großer Vorteil des Schaumstoffs: Sollte Dein Pferd danebentreten, wird das Verletzungsrisiko erheblich minimiert – ein entscheidender Sicherheitsaspekt.

Lege 4–5 Gassen in Fächerform aus und 1–2 Matten zwischen die Dual-Gassen®.

Für das Training empfehlen wir Dir, in einer Einheit Deines Zeitsystems zunächst 2 Volten auf einer Hand zu longieren, anschließend die Hand zu wechseln und auf der anderen Seite ebenfalls 2 Volten zu absolvieren. Am besten kombinierst Du den Fächer mit einem weiteren Hindernis, da er Dein Pferd intensiv fordert. Gerne machen wir Dir dafür noch einen passenden Vorschlag.

Und ja, wir wissen es: Schon wieder nur eine Volte? Für Dich mag das vielleicht monoton wirken, doch für Dein Pferd ist es garantiert nicht langweilig.

Der blau-gelbe Grundsatz: »Wenn Du beim Pferd bist, bist Du beim Pferd.«
Das bedeutet, Deine volle Aufmerksamkeit liegt bei Deinem Pferd. Wenn Du es achtsam longierst und nicht einfach nur darüberlaufen lässt, kommt keine Langeweile auf – weder bei Dir noch bei Deinem Pferd.

Sieh es mal aus der Perspektive Deines Pferdes: Für Dich mag der Fächer simpel erscheinen, doch für Dein Pferd ist er eine echte Herausforderung. Schließlich muss es über den Fächer laufen, nicht Du.

Es gibt wahrscheinlich nur wenige Dinge, die schwieriger sind, als korrekte Volten und Zirkel zu longieren oder zu reiten. Nicht ohne Grund gibt es dazu eigene Literatur.

Die einfache Langgasse

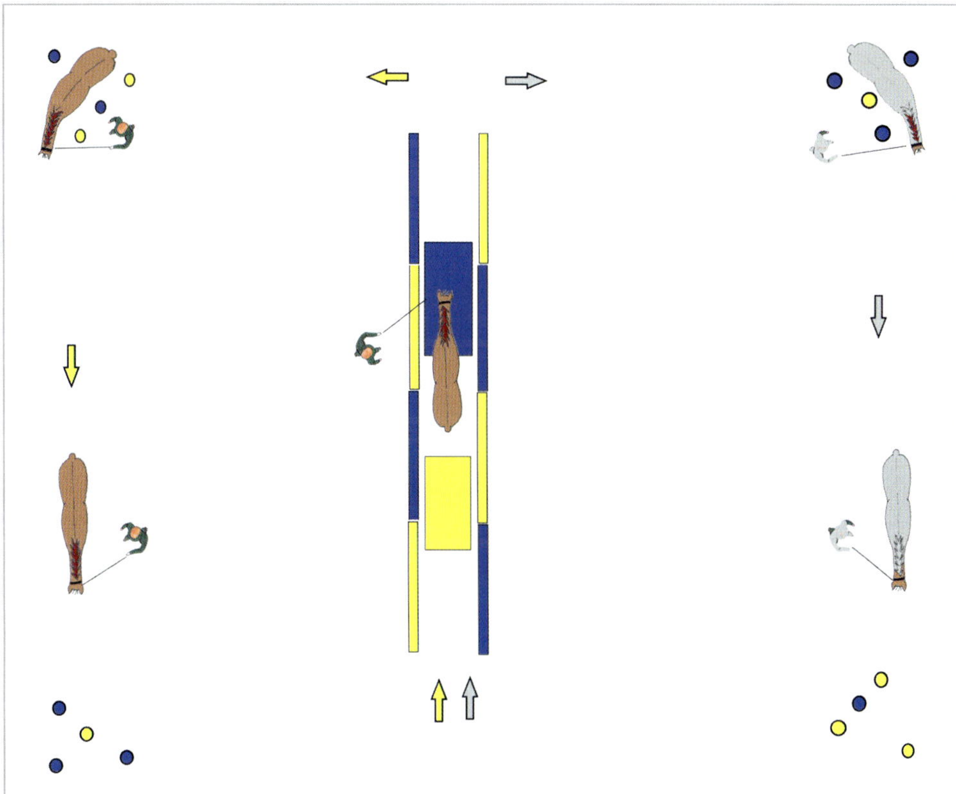

Bei der einfachen Langgasse gönnst Du Deinem Pferd und Dir eine kleine Pause von den vielen Volten und anderen Übungen. Diese Aufgabe ist weniger anstrengend und einfach auszuführen.

Lege jeweils vier Gassen in einer Reihe aus. Die zweite Reihe legst Du parallel dazu, sodass eine Langgasse entsteht.
In diese Langgasse platzierst Du ein bis zwei EquiGym®-Matten.

Du longierst Dein Pferd auf der linken Hand durch die Gassen, wie in der Grafik dargestellt. Gib mit der Longe nach, sodass sie leicht durchhängt, und lass Dein Pferd geradeauslaufen.

Am Ende der Gasse lässt Du es nach links abbiegen und nimmst die Longe wieder auf. In den Ecken, die Du mit Pylonen als Hufschlag markiert hast, nimmst Du Dein Pferd in Stellung und führst es in einer Viertel-Volte durch die Ecke. Danach lässt Du es wieder geradeauslaufen.

In der nächsten Ecke wiederholst Du die Viertel-Volte. Und noch einmal. Longiere Dein Pferd noch ein drittes Mal über die Langgasse, bevor Du einen Handwechsel machst und die Übung auf der rechten Hand wiederholst.

Apropos Ecken

Den Wert der Ecken für Dein Pferd haben wir Dir bereits erklärt. Generell sind die Ecken der kurzen Seite ideal für Achterschlaufen – die bauen wir später noch ein.

Doch auch die einfache Ecke ist eine hervorragende Übung, die viel zu oft unterschätzt wird. In Reithallen ist der Hufschlag häufig so stark ausgetreten, dass die Ecken kaum genutzt werden. Zudem stehen dort oft Aufstiegshilfen, Mistkarren oder anderes, was zwischengelagert wird. Auch beim Reiten ignorieren viele Reiter die Ecken. Sie folgen dem ausgetretenen Hufschlag und lassen sie links liegen. Wie schade!

Dr. Diether Polheim

Dr. Diether Polheim war als Bundesreferent für Ausbildung im Österreichischen Pferdesportverband tätig, ein echter Pferdemensch durch und durch.
Neben seiner Tätigkeit als Dressurrichter war er als Generalsekretär in der Richtervereinigung aktiv. 2006 absolvierte er zudem die Ausbildung zum Trainer für Dual-Aktivierung und war Michael Geitners erster Mentor.

Von Dr. Polheim stammt der prägnante Spruch, den Du Dir merken solltest: »Die Pylonen gehören in die Ecken einbetoniert.« Damit ist alles gesagt.

Eine Ecke ist nichts anderes als eine Viertel-Volte. Sie fordert Dich und Dein Pferd, gerade von der kurzen oder langen Seite zu kommen, um dann eine Viertel-Volte zu longieren. Diese Möglichkeit solltest Du konsequent nutzen.

Um die Ecken deutlicher hervorzuheben, setzen wir Pylonen ein. Diese platzierst Du hufschlagbreit, sodass die Ecken klar markiert sind.

Was bedeutet hufschlagbreit?

Die Breite des Hufschlags entspricht der Breite der Brust Deines Pferdes – also Pi mal Daumen, hier ist keine Millimeterarbeit nötig. Stell die Pylonen so hin, dass sich Dein Pferd auch entsprechend biegen muss.

Die Leiter

Die Leiter besteht aus Dual-Gassen® und EquiGym®-Blöcken, mit denen Du das Training schrittweise steigern kannst. Wenn Dein Pferd noch nicht viel Kraft hat oder sich in der Aufbauphase befindet, beginne mit nur einem EquiGym®-Block. Da die Blöcke sowohl flach als auch hochkant aufgestellt werden können, lässt sich der Schwierigkeitsgrad individuell anpassen. Zeigt Dein Pferd Unsicherheit, lege den EquiGym®-Block zunächst flach zwischen die Gassen. In den meisten Fällen wird dies jedoch nicht notwendig sein. Sollte Dein Pferd die Blöcke häufig umwerfen, liegt es an Dir, es zur sorgfältigen Arbeit zu motivieren. Schaue Dir dazu am Ende des Buchs den Abschnitt *»Troubleshooting!«* an.

Für die Volte benötigst Du vier Pylonen, die als optische Markierungen dienen, um die Linienführung zu definieren. Platziere die Pylonen so, dass Dein Pferd problemlos hindurchlaufen kann. Besonders die Pylonen am Ende der Leiter sind hilfreich, um die gebogene Linie zu markieren. Dies verhindert, dass Dein Pferd wie bei den Achterschlaufen auf den Matten zu abrupt wendet.

Wenn Du die Leiter als einzelnes Hindernis nutzt, könnte der Ablauf folgendermaßen aussehen:

1. Longiere Dein Pferd zunächst durch die Leiter.
2. Nach der Treppe führst Du es um die Pylonen auf die Volte.
3. Longiere die Volte zweimal, bevor Du das Pferd erneut über die Treppe führst.
4. Wechsle anschließend die Hand und wiederhole den Ablauf auf der anderen Seite.

Du kannst mit einem EquiGym®-Block beginnen.

Starte die Übung einfach mit einer Leiter, die nur eine Sprosse hat.

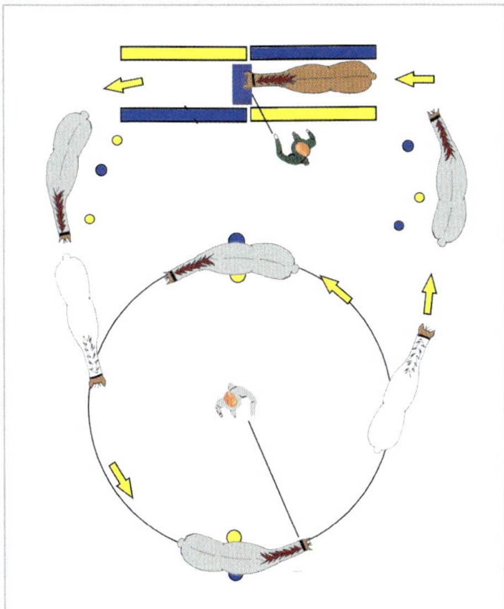

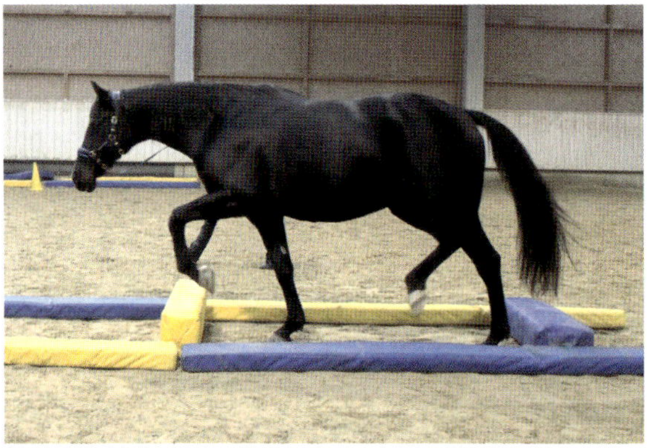

Auf diesem Bild ist gut zu erkennen, wie die Stute ihre Beine anhebt. Dieses Walk-Over-Training fördert gezielt die Koordination von Vor- und Hinterhand.

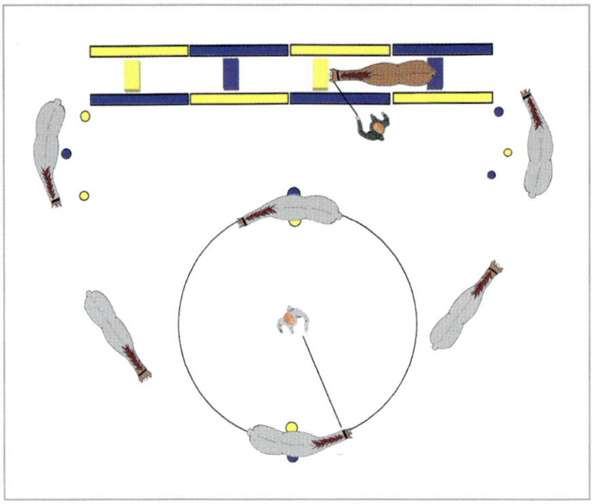

Das mag unspektakulär aussehen, wenn Dein Pferd jedoch noch nicht über genügend Kraft, Koordination und Balance verfügt, reicht ein EquiGym®-Block für den Anfang vollkommen aus.

Hat Dein Pferd bereits mehr Übung und Kraft, kannst Du den Schwierigkeitsgrad langsam steigern. Es müssen nicht sofort vier EquiGym®-Blöcke sein.

Wir empfehlen, die Intensität schrittweise zu erhöhen und die Blöcke nach und nach hinzuzufügen. Vier EquiGym®-Blöcke sind zwar anspruchsvoll, aber mit der richtigen Vorbereitung durchaus machbar.

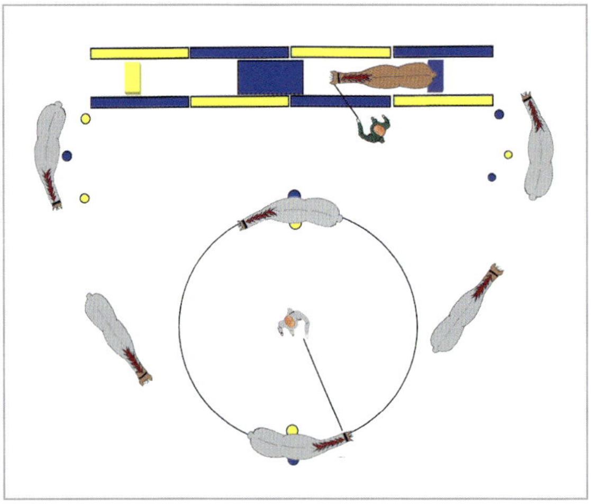

Mit acht Dual-Gassen®, Matten und EquiGym®-Blöcken kannst Du fast schon eine »Langtreppgasse« bauen. Auch hier kannst Du den Schwierigkeitsgrad variieren und nach Bedarf steigern. Lege beispielsweise zwei Matten und zwei EquiGym®-Blöcke zwischen die Gassen, um das Training interessanter zu gestalten.

Pylonenslalom

Die einfachste Variante des Pylonenslalom besteht aus vier Dual-Gassen® und zwei Pylonen. Die Gassen dienen dabei als Rahmen, was Dir das Lenken Deines Pferdes durch den Slalom erleichtert.

Die Breite der Gassen kannst Du individuell auf Dein Pferd anpassen, ebenso den Abstand zwischen den Pylonen.

Bei der Pylonengasse ist der Schritt die Gangart der Wahl. Der Trab erfordert etwas mehr Übung.

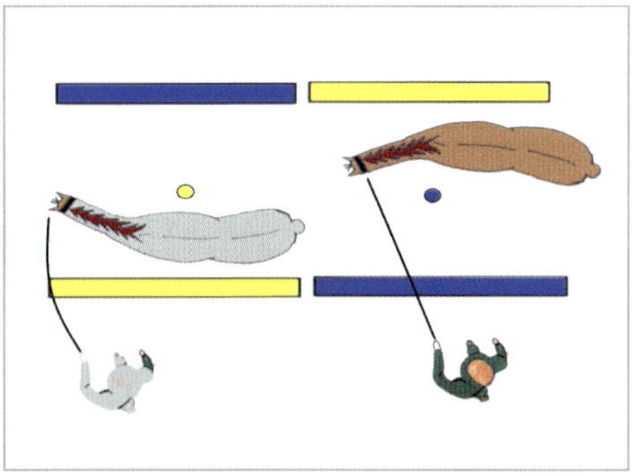

Wenn Du Dein Pferd hinter den Pylonen entlang longierst, achte darauf, dass es in Anlehnung bleibt.
Die Longe sollte dabei eine sanfte, aber konstante Verbindung zum Pferd halten.
Stelle Dein Pferd leicht nach innen und führe es anschließend vor der Pylone vorbei. Dein Pferd muss dabei nach außen laufen und sich von Dir wegstellen, was etwas kniffelig sein kann. Dabei gibst Du die Anlehnung auf und lässt die Longe locker.

Deine Körpersprache ist in diesem Moment entscheidend: Zeige mit der Hand, die die Longe hält und zum Kappzaum führt, deutlich in die Richtung, in die Dein Pferd laufen soll. Dabei gehst Du etwas auf Dein Pferd zu.

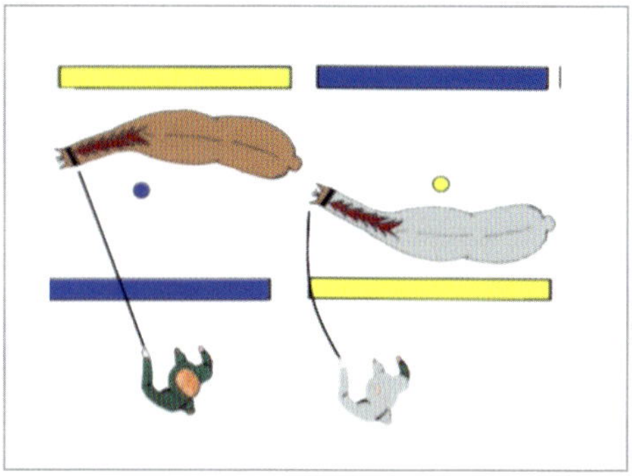

Du kannst die Pylone am Eingang der Gasse auch zuerst nach außen longieren. Dies kann später hilfreich sein, wenn Du die Pylonengasse in einen Parcours integrierst.

Die Pylonengasse als Einzelhindernis

Für diese Übung reihst Du vier 4 komplette Dual-Gassen® aneinander, sodass eine lange Gasse entsteht.
In diese Gasse stellst Du etwa 4 Pylonen auf. Die genaue Anzahl der Pylonen und deren Abstände kannst Du individuell an Dein Pferd anpassen.

Führe Dein Pferd entsprechend der Beschreibung durch den Parcours. Wechsel in einer Ecke die Hand und longiere die Pylonengasse anschließend auf der anderen Hand. Wiederhole diesen Ablauf mit weiteren Handwechseln.

Auch bei dieser Übung nutzt Du das bewährte Zeitsystem:
6 Einheiten à 3 Minuten, gefolgt von je 1 Minute Pause.

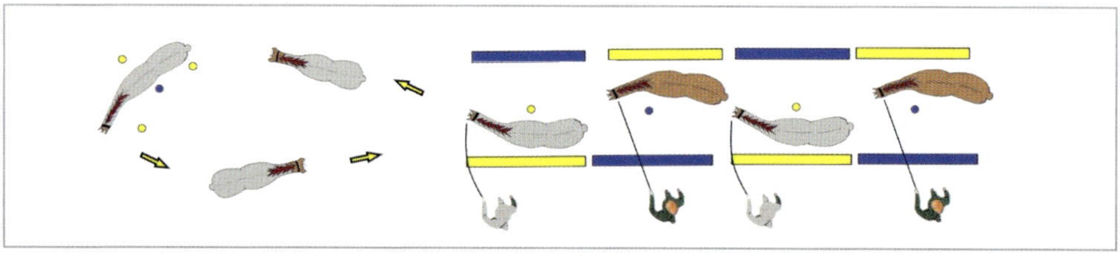

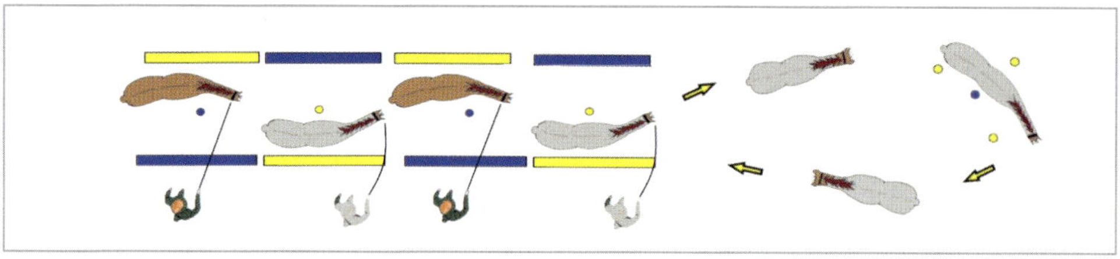

Ein Spruuung oder auch zwei Sprüüünge

Das Hindernis zum Überspringen ist eine Premiere in der blau-gelben Trainingswelt. Bisher haben wir dies immer vermieden, da wir uns Sorgen um die Beine der Pferde machten und ehrlicherweise auch befürchteten, dass unsere Kunden versucht sein könnten, Stangen auf den Boden zu legen. Stangen aus Kunststoff oder Holz haben wir daher weiterhin aus all unseren Programmen verbannt.

Auch unser Sprung, oder eher unser kleiner »Hüpfer«, wir reden von etwa 30–40 cm Höhe, sollte idealerweise ohne Stangen gebaut werden. Wir empfehlen auch kein Cavaletti mit Stangen. Letztendlich liegt es jedoch in Deiner Verantwortung, was Du für den Aufbau Deines Sprungs verwendest.

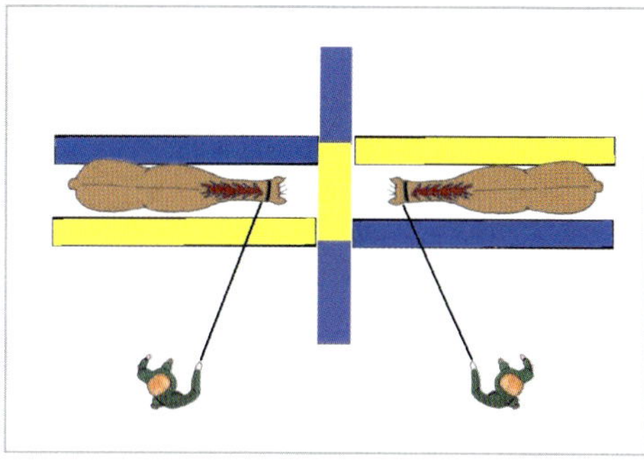

Dein EquiGym-Sprung sollte von beiden Seiten übersprungen werden können. Das ist sinnvoll, da das Hindernis später in einen Parcours integriert wird.

Zum Aufbau nutzen wir EquiGym®-Blöcke. Lege drei Schaumstoffblöcke der Länge nach auf den Boden. Auf diese EquiGym®-Blöcke kannst Du zusätzlich eine Gasse legen.

Wichtig ist, dass Du vor und nach dem eigentlichen Sprung Gassen platzierst und diese nicht zu breit legst.

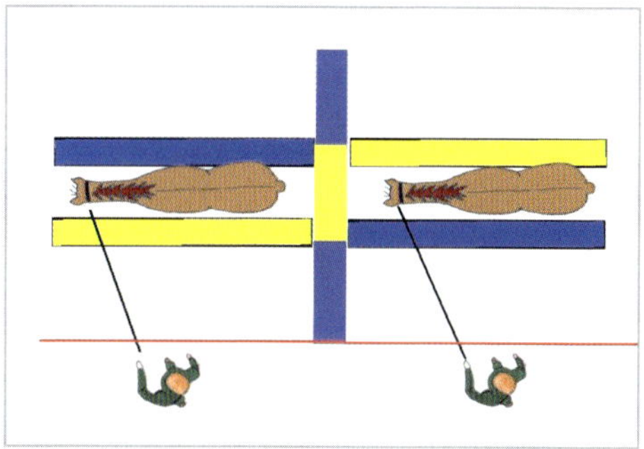

Begleite Dein Pferd über den Sprung, indem Du auf Schulterhöhe den gesamten Weg mitgehst. Achte darauf, wirklich zu gehen – renne niemals neben Deinem Pferd her. Im Idealfall orientiert sich Dein Pferd an Dir und trabt in Deinem Tempo. Für eine Höhe von 40 cm braucht Dein Pferd keine Anlaufgeschwindigkeit.
Achte darauf, genügend Abstand zum Hindernis zu halten, damit Du nicht über einen EquiGym®-Block stolperst. (Rot eingezeichnete Linie)

Die Gassen wirken wie eine Landebahn: Dein Pferd wird gerade in die Gassen hineingeführt, springt gerade ab und landet geradeaus, sodass es unmittelbar nach dem Sprung nicht seitlich abweicht. Das schont die Gelenke Deines Pferdes.

Ziel der Sprünge ist nicht, dass Dein Pferd hochspringt. Selbst wenn der Gang nur kadenzierter wird, also Dein Pferd die Beine etwas höher zieht, verändert sich der Bewegungsablauf und die Dehnungs- und Propriozeptoren werden aktiviert.

Der Sprung wird immer im Trab absolviert. Das solltest Du bei der Planung Deines Parcours bedenken. Galopp ist nur beim eigentlichen Sprung erlaubt, da wir keine gebogene Linie haben, jedoch solltest Du Dein Pferd nach dem Sprung durchparieren können, bevor es zum nächsten Hindernis geht. Ansonsten galoppieren wir bei EquiGym® NICHT.

Hast Du genügend Material, kannst Du auch einen weiteren einzelnen Sprung in Deinen Parcours einbauen.

Optional kannst Du vor die längs gelegten Schaumstoffblöcke eine weitere Gasse als Absprungpunkt legen – quasi wie eine Vorlegstange. Voilà, Dein Mini-Oxer ist fertig.

Legst Du die Gassen beidseitig auf die EquiGym®-Blöcke, wird Dein Pferd animiert, etwas höher zu springen und die Bascule wird dabei verbessert.

Dein Pferd springt nicht? So macht springen Spaß!

Hat Dein Pferd Schwierigkeiten oder sogar etwas Respekt davor, über einen Sprung zu gehen? Das liegt höchstwahrscheinlich nicht an der Höhe, sondern vielmehr an den neuen Eindrücken: den EquiGym®-Blöcken, den Dual-Gassen® oder den ungewohnten Farben Blau und Gelb.
Viele Pferde haben ihren Spaß am Springen verloren, weil sie dazu gezwungen wurden. Doch genau das vermeiden wir!

Stattdessen üben wir das Springen Schritt für Schritt, in kleinen, stressfreien Etappen:

- Stelle zunächst nur zwei Blöcke auf und lass den mittleren weg.
- Lege die Blöcke flach auf den Boden, nicht hochkant.
- Positioniere die Dual-Gassen® so, dass sie die gesamte Breite der drei Blöcke abdecken – nicht nur so breit wie ein einzelner Block.
- Longiere Dein Pferd zwischen den beiden EquiGym®-Blöcken durch.
- Sobald Du es auf beiden Händen sicher durchlongieren kannst, lege den dritten EquiGym®-Block in die Mitte.
- Sollte Dein Pferd weiterhin zögern, vergrößere den Abstand zwischen den Blöcken etwas, um ihm mehr Platz zu geben. So wirkt der Aufbau weniger einschüchternd auf Dein Pferd.

Überprüfe auch Dich selbst und achte auf Deine eigene Position:
Gehst Du auf Schulterhöhe neben Deinem Pferd her? Dein Verhalten beeinflusst Dein Pferd maßgeblich. Wenn Du zögerst oder unsicher bist, wird auch Dein Pferd unsicher.

Ein klares, aufmunterndes »Hopp!« kann Deinem Pferd zusätzliche Unterstützung geben. Sobald Dein Pferd den Sprung gemeistert hat, freu Dich und lobe es ausgiebig.

Gönne ihm anschließend eine kurze Pause.

Warum ist die Pause so wichtig?
Dein Pferd lernt dadurch, dass nach dem Sprung keine Flucht, kein Bocken oder andere stressbedingte Reaktionen nötig sind. Gleichzeitig wird die Pause zur Belohnung, die es beim nächsten Mal wieder genießen möchte.
Der Hauptgrund für eine anschließende Flucht nach dem Sprung liegt meistens darin, dass Dein Pferd noch unausbalanciert und unkoordiniert ist. Das verunsichert es und es möchte möglichst schnell vom Hindernis wegkommen. Springt Dein Pferd das ohne Zögern auf beiden Händen, kannst Du die Dual-Gassen® vor dem Sprung enger legen und die Blöcke hochkant stellen.

Mit Geduld, Lob und schrittweisem Training wird Dein Pferd schon bald Freude an dem kleinen Sprung entwickeln!

Trailparcours

Ein Equitrail-Parcours besteht immer aus mehreren Hindernissen, wobei Du den Schwierigkeitsgrad nach und nach steigern kannst. Beginne mit den einfachen Parcours. Die bestehen aus zwei Hindernissen. Bleibe jeweils etwa drei Minuten an einem Hindernis, bevor Du nach der einminütigen Pause zum zweiten Hindernis wechselst. Danach geht es wieder zurück zum ersten Hindernis – und so weiter.

Beginne die Parcours wieder im Schritt. Ob und wann Du den Trab hinzufügst, hängt ganz individuell von Deinem Pferd ab – das überlassen wir Dir.

Die Anleitungen, wie die einzelnen Hindernisse zu longieren sind, hast Du bereits gelesen und idealerweise auch schon geübt.

Einfacher Trailparcours

Dieser einfache Parcours ist nochmals ausführlich erklärt:

Station 1: Die einfache Volte – 3 Minuten
Station 2: Das Dreieck – 3 Minuten
Wiederhole die Stationen, bis Du sechs Einheiten à 3 Minuten absolviert hast.

Beginne mit der Volte über die Matten.

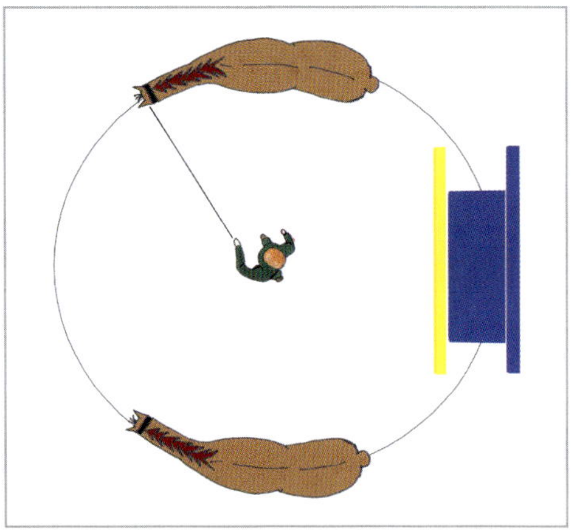

1. Longiere Dein Pferd auf der linken Hand zwei Mal in einer Volte über die Matten. Bleibe dabei an einer Stelle stehen, sodass eine gleichmäßige Volte entsteht und kein Ei.
2. Wechsle die Hand.
3. Longiere Dein Pferd auf der rechten Hand wieder zwei Mal in einer Volte über die Matten.
4. Wiederhole die Übung, bis der Timer die 3 Minuten ankündigt.
5. Mach eine Pause – danach geht es weiter mit dem Dreieck.

Das Dreieck:

1. Longiere Dein Pferd in einer Volte auf der linken Hand über die erste Ecke des Dreiecks. Bleibe auch hier an einer Stelle stehen.
2. Begleite Dein Pferd zur zweiten Ecke und longiere eine Volte, anschließend über die dritte Ecke ebenfalls mit einer Volte.
3. Wechsle die Hand auf die rechte Seite und beginne erneut von vorne.

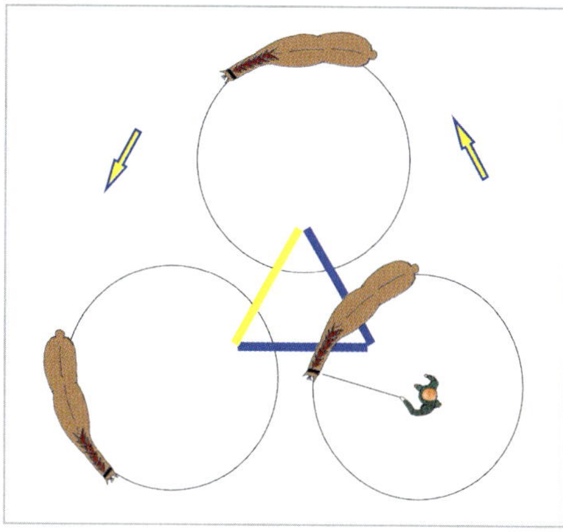

Das Viereck und die Achterschlaufen

Das Viereck und die Achterschlaufen sind wieder eine klasse Kombination aus gebogenen Übungen und Walk-Over-Hindernissen.

Beim Viereck longierst Du Dein Pferd geradeaus über die Länge der Matte.

Nachdem Du das Viereck einmal auf einer Hand durchlongiert hast, wechselst Du auf die andere Hand.

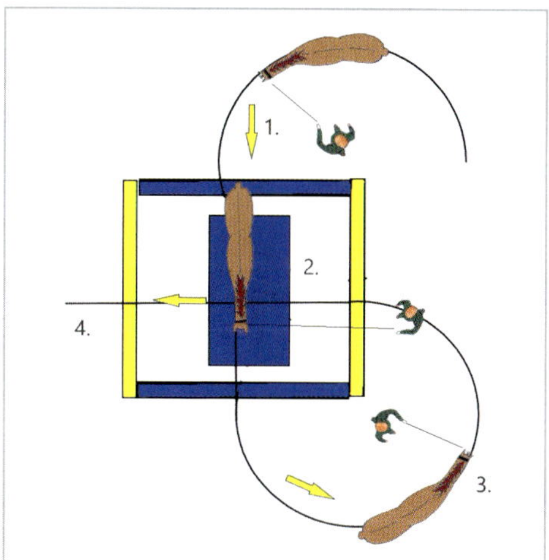

Du bleibst insgesamt eine Einheit an diesem Hindernis, also 3 Minuten.

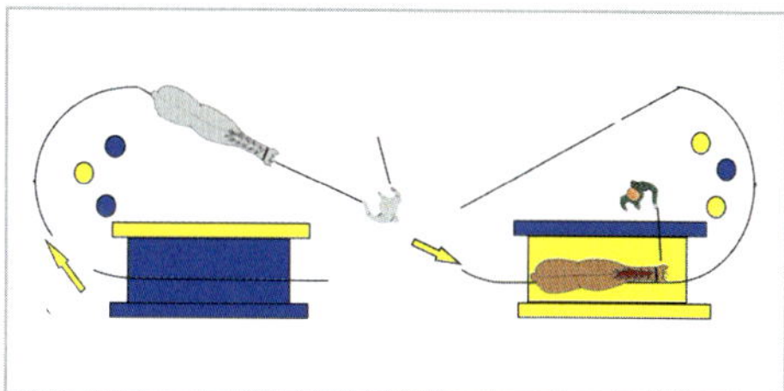

Nach der Pause wechselst Du in die Achterschlaufen.

Nachdem Du die Achterschlaufen 3 Minuten lang longiert und eine Pause gemacht hast, wechselst Du erneut ins Viereck.

Die Treppe und der Fächer

Das sind nur 2 Übungen, aber sie sind recht anspruchsvoll für Dein Pferd. Sie verlangen sehr viel Beinarbeit!

Zunächst longierst Du den Fächer so wie in der Einzelübung beschrieben. Nach drei Minuten und der Pause wechselst Du zur Treppe.

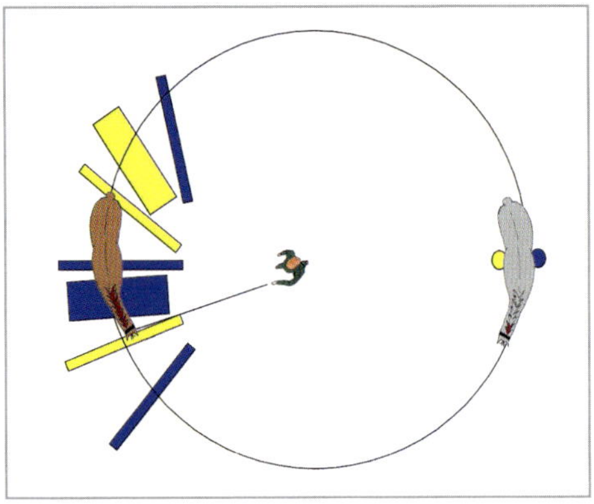

Den Fächer longierst Du 3 Minuten lang. Nach jeweils zwei Volten wechselst Du die Hand. Da der Fächer sehr anstrengend ist, kannst Du mit der einfachsten Variante beginnen. Dafür legst Du zunächst nur drei Dual-Gassen® aus und verzichtest vorerst auf die Matte.

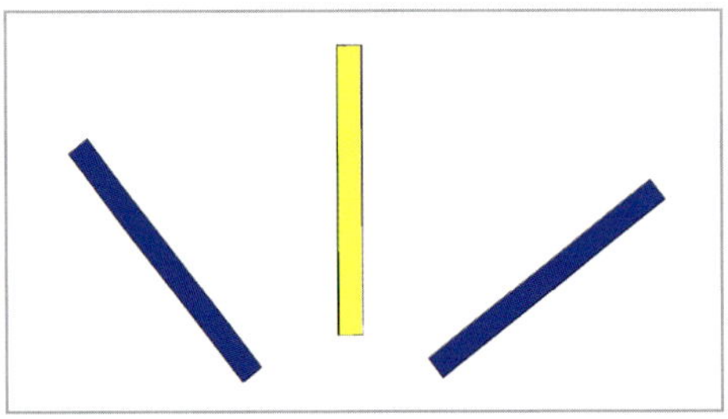

Nachdem Du eine Einheit lang den Fächer longiert hast, wechselst Du nach einer Pause zur Treppe. In der Kombination longierst Du die Hindernisse folgendermaßen:

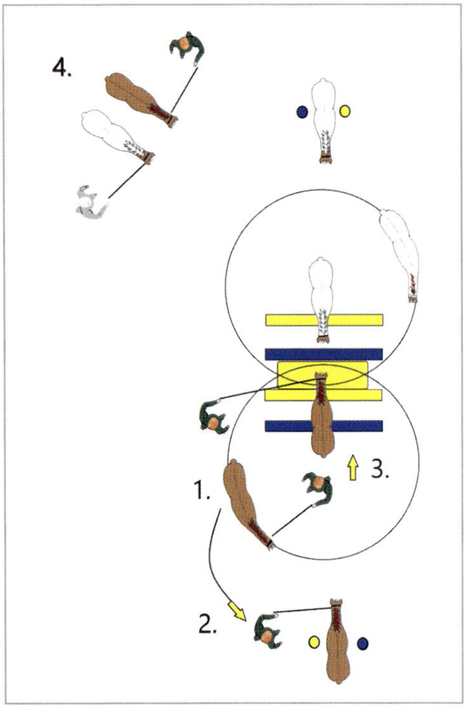

1. Longiere Dein Pferd zunächst in zwei Volten durch die Treppe und über die Matte.
2. Anschließend führe es nach außen durch die Pylonen.
3. Danach begleitest Du es über die Treppe.
4. Wechsle anschließend die Hand und wiederhole die Übung auf der anderen Seite.

Nach drei Minuten und der Pause wechselst Du wieder in den Fächer.

Die Langgasse und das Kreuz

Da ist sie wieder – die »Langtreppgasse«! Dieses Mal kombiniert mit dem Kreuz. Dieses Dreamteam bildet einen Trainingsparcours, der Dein Pferd gleichzeitig fordert und fördert – insbesondere die Beinkoordination wird effektiv geschult.

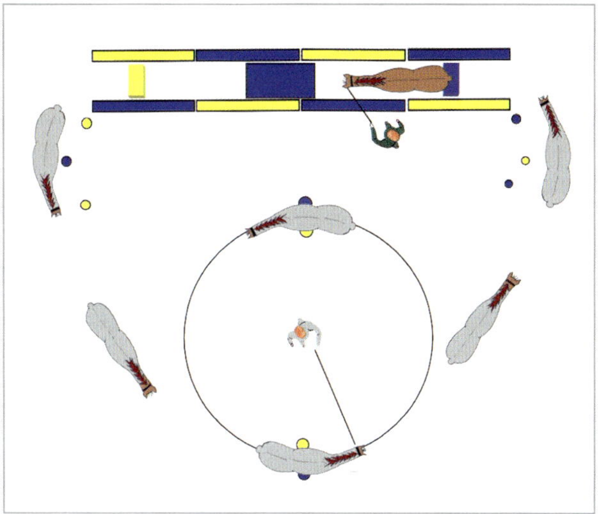

Du longierst die **»Langtreppgasse«** wie in den Einzelübungen beschrieben.

1. Longiere Dein Pferd zunächst durch die Leiter.
2. Nach der Treppe führst Du es um die Pylonen auf die Volte.
3. Longiere die Volte zweimal, bevor Du das Pferd erneut über die Treppe führst.
4. Wechsle anschließend die Hand und wiederhole den Ablauf auf der anderen Seite.

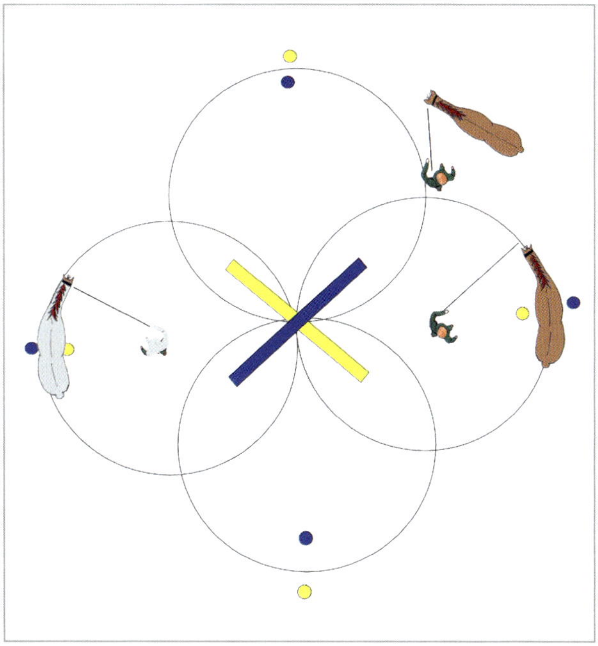

Beim **Kreuz** steht eine Voltentour auf dem Plan – einmal komplett rundherum!

Dein Ziel: Führe Dein Pferd möglichst genau über die Mitte des Kreuzes. Vielleicht hilft vorher ein Schluck »Zielwasser« – und dann geht's los!

Sobald Du alle vier Volten auf einer Hand erfolgreich longiert hast, wechselst Du die Hand und wiederholst die Übung auf der anderen Seite.

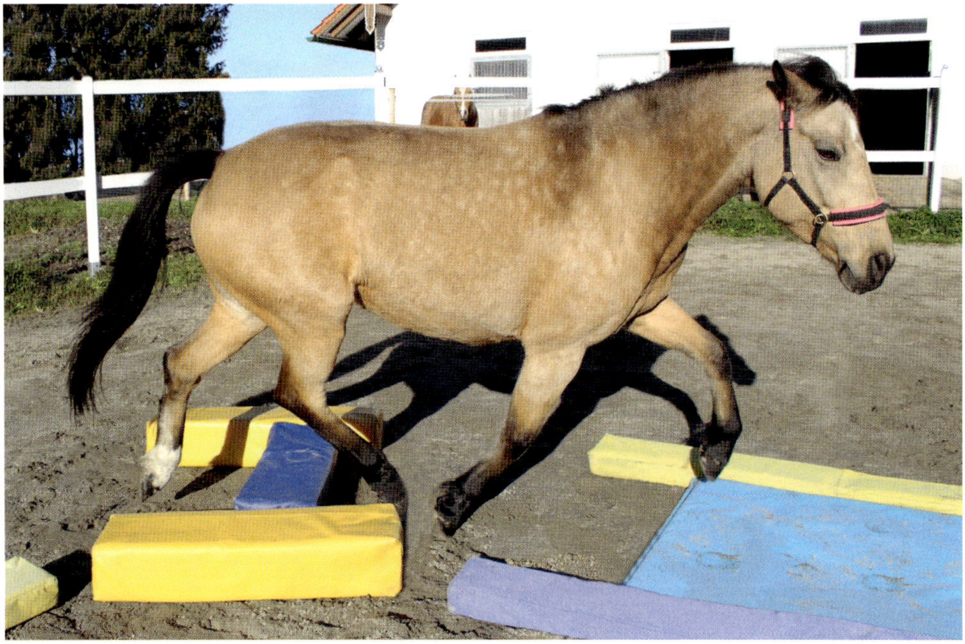

Parcours für Fortgeschrittene

Jetzt konntest Du Dich mit den blau-gelben Hindernissen vertraut machen. Das Longieren der einzelnen Hindernisse im Drei-Minuten-Takt funktioniert und Du hast den Überblick.
Zeit für eine neue Herausforderung.

Parcours für geübte Paare:

ABER Achtung! Hier longierst Du in einem anderen Modus. Das heißt, Dein Zeitsystem bleibt zwar gleich, 6 Einheiten à 3 Minuten und eine Minute Pause, aber Du arbeitest nicht an jedem Hindernis 3 Minuten lang, sondern hast einen durchlaufenden Parcours. Nach 3 Minuten folgt die Pause, anschließend machst Du da weiter, wo Du aufgehört hast.

Parcours Nr. 1: Zirkeltraining

Du benötigst

- 12 Gassen
- 2 Matten
- 3 EquiGym®-Blöcke
- 2 Pylonen

Du kannst die Gassen 1 und 3 mit jeweils 4 Pylonen einrahmen, dann brauchst Du 4 Gassen weniger.

Der Parcours ist vom Aufbau her nicht sehr schwierig, jedoch für Dein Pferd körperlich fordernd. Es ist ein hervorragendes Workout. Das kleine Hüpferchen stärkt die Aufmerksamkeit und das Zuhören Deines Pferdes. Wie immer soll Dein Pferd nach dem Sprung nicht davonrennen, sondern sich im Arbeitstempo kontrolliert weiterarbeiten lassen.

Beginne mit der oberen Matte. Longiere Dein Pferd über die Matte und durch die erste Gasse, die Du als Treppe aufgebaut hast.
Anschließend longierst Du Dein Pferd zu den beiden Pylonen und lässt es erneut eine Volte gehen. Zuerst durch die Pylonen, dann über die Treppe, noch einmal zu den Pylonen und anschließend weiter. Über die Treppe longierst Du Dein Pferd möglichst geradeaus.

Bei der unteren Matte gehst Du genau so wie bei der oberen vor. Danach folgt der Sprung: Longiere Dein Pferd darüber und begleite es seitlich.
Nach dem Sprung erfolgt der Handwechsel. Starte dann erneut mit dem Hindernis Nr. 1 in der oberen Gasse, diesmal auf der anderen Hand. Weiter zum Sprung und dann die anderen beiden Hindernisse.

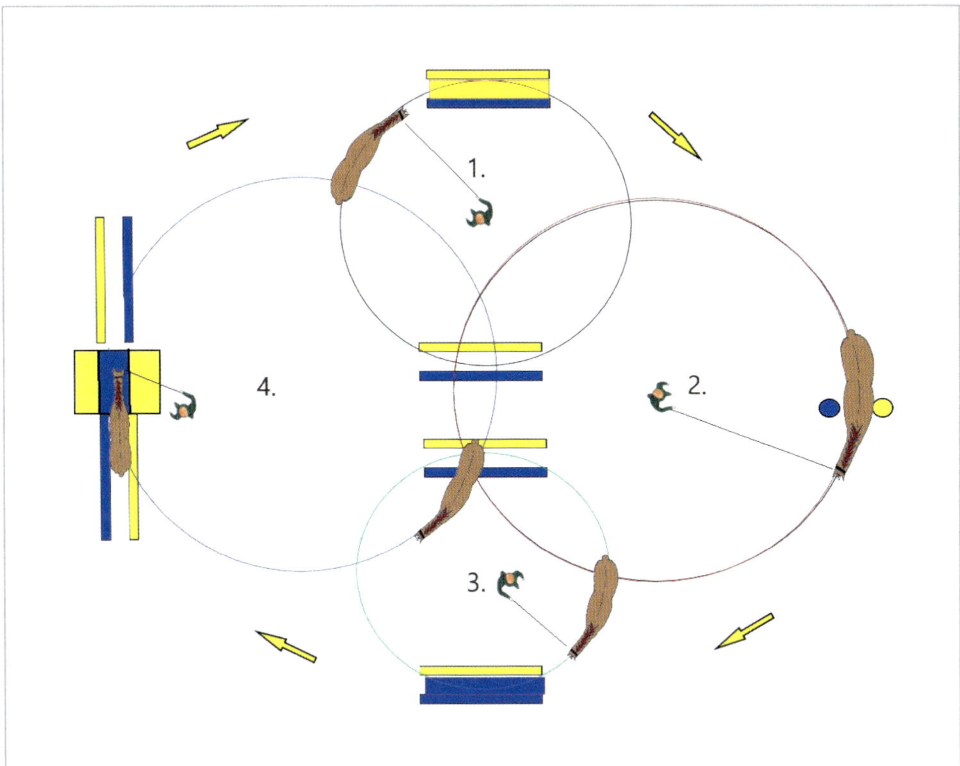

Parcours Nr. 2: Framework

Die ersten beiden Einheiten, also zweimal 3 Minuten, kannst Du im Schritt longieren.

Du beginnst, indem Du Dein Pferd auf der linken Hand über die blaue Matte longierst. Anschließend folgt das Walk-Over-Hindernis, die Leiter.

Die Leiter besteht aus vier Gassen und drei EquiGym®-Blöcken oder EquiGym®-Aufstellern.

Bist Du im Trab, parierst Du Dein Pferd bei den Pylonen, vor der gelben Matte, zum Schritt durch. Falls Dein Pferd nach dem Walk-Over zu viel Vorwärtsdrang entwickelt, longierst Du

Linke Hand **dann Wechsel ...**

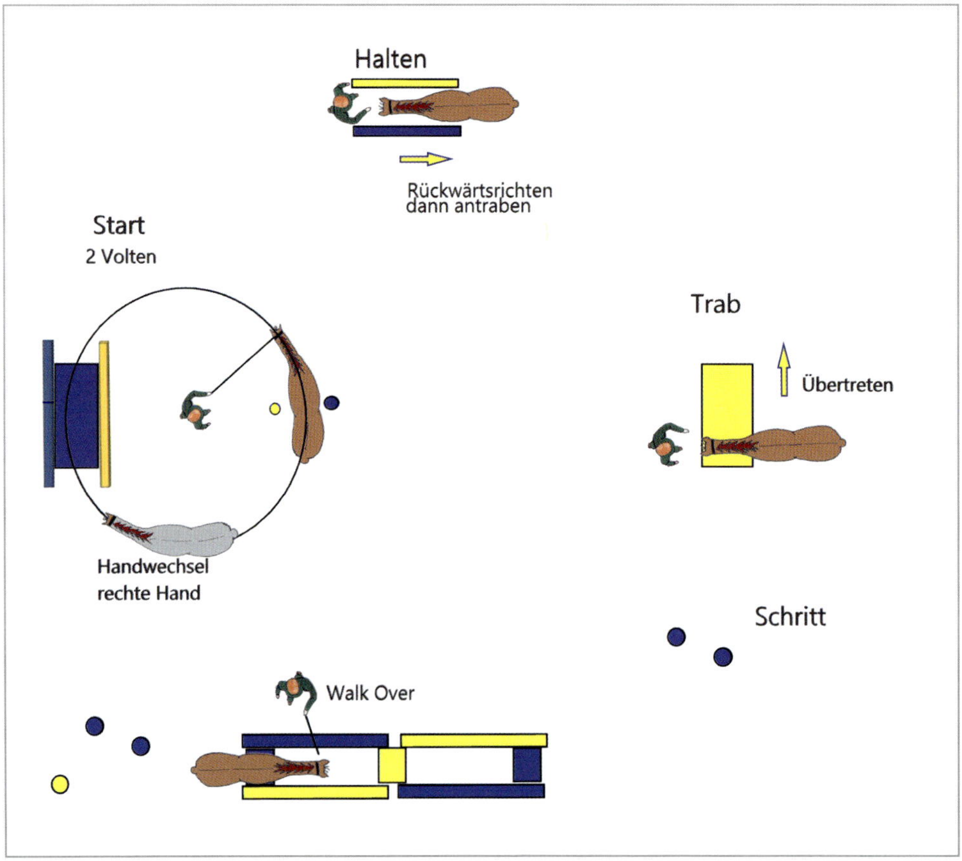

eine Volte, um euch beide wieder zu sortieren.
An der gelben Matte lässt Du Dein Pferd mit den Vorderbeinen übertreten. Während der Einheiten kannst Du variieren und Dein Pferd auch mal mit den Hinterbeinen übertreten lassen. Danach trabst Du erneut an und hältst Dein Pferd in den nächsten Gassen aus dem Trab an. Lass es vier Tritte rückwärtstreten, dann anhalten und aus dem Stand wieder antraben.

Vor der blauen Matte parierst Du Dein Pferd erneut durch, longierst einen Handwechsel auf die rechte Hand und beginnst den Parcours in umgekehrter Reihenfolge.

.... auf die rechte Hand

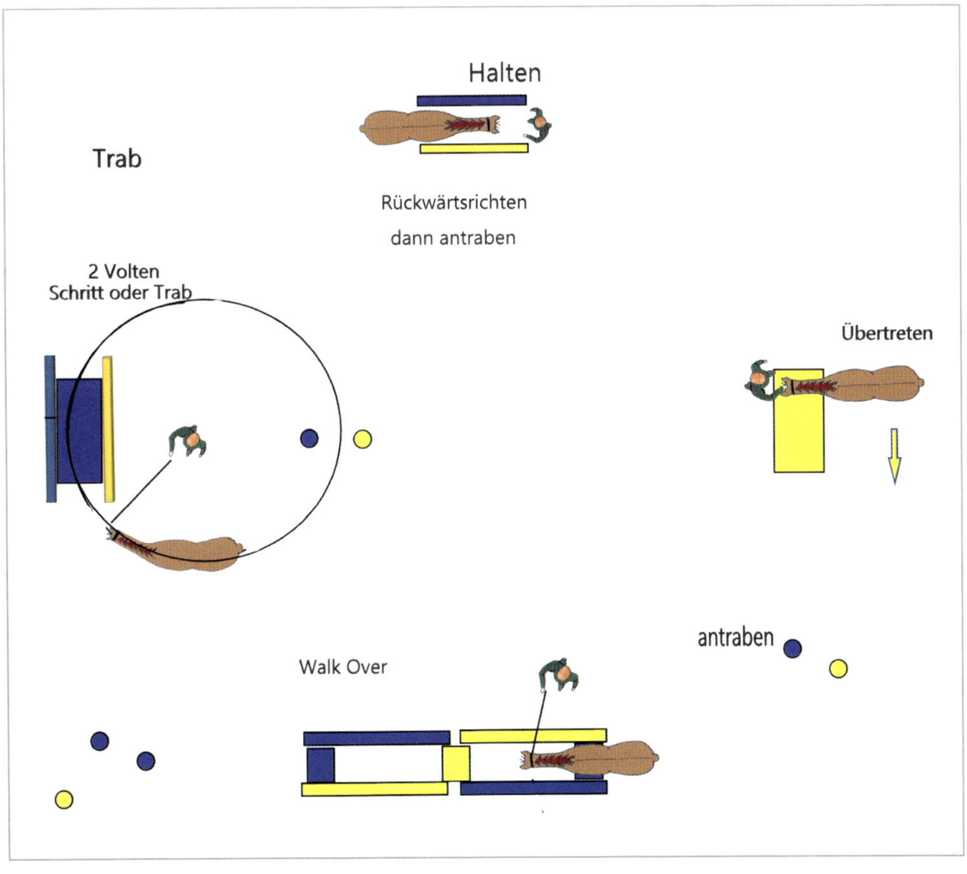

Parcours Nr.3: Kleine Tour – Große Tour

Du brauchst:

- 2 Matten
- 4 Gassen
- 8 Pylonen

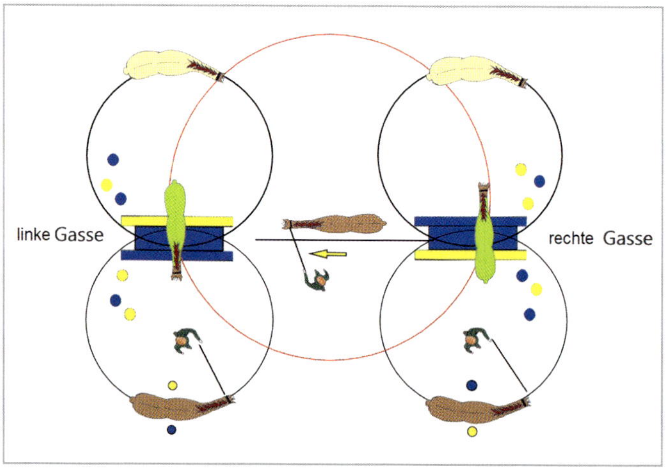

1. Beginne auf der linken Hand mit einer Volte über die rechte Gasse.
2. Gehe anschließend geradeaus zur linken Gasse.
3. Longiere dort eine Volte über die linke Gasse.

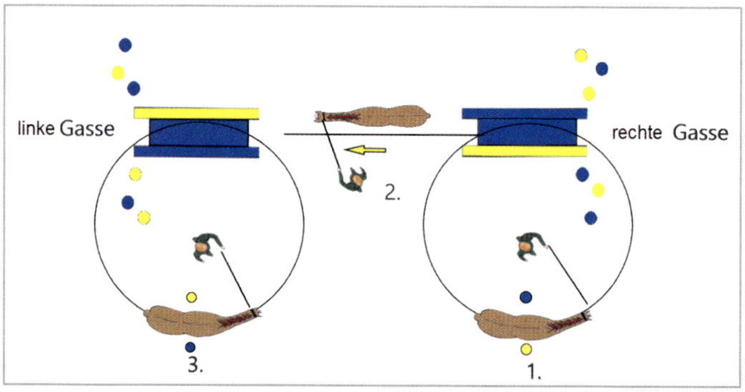

4. Aus der Volte der linken Gasse longierst Du Dein Pferd zur rechten und führst es quer darüber. (**5.**)
6. Anschließend geht es in einem Zirkel einmal über die linke Gasse zurück zur rechten Gasse.

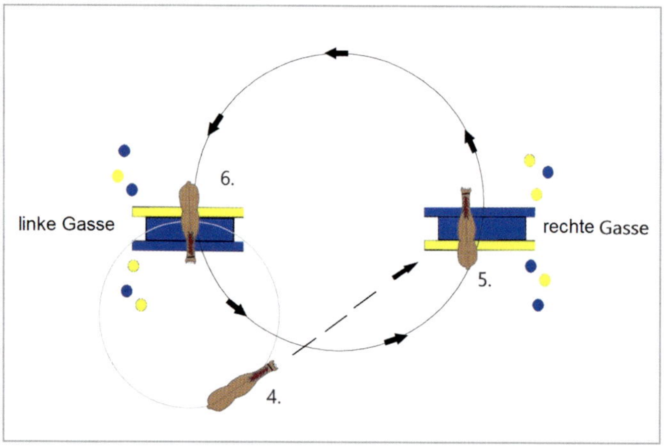

Longiere Dein Pferd in einem Bogen von der linken Hand in die rechte Gasse.

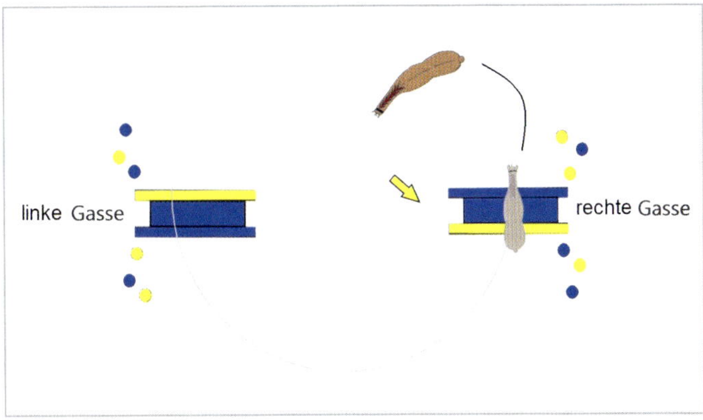

Wechsel »aus der Ecke« in einer Kehrtvolte aus der rechten Gasse. Danach folgt der Handwechsel auf die rechte Hand, in eine Rechtsvolte.

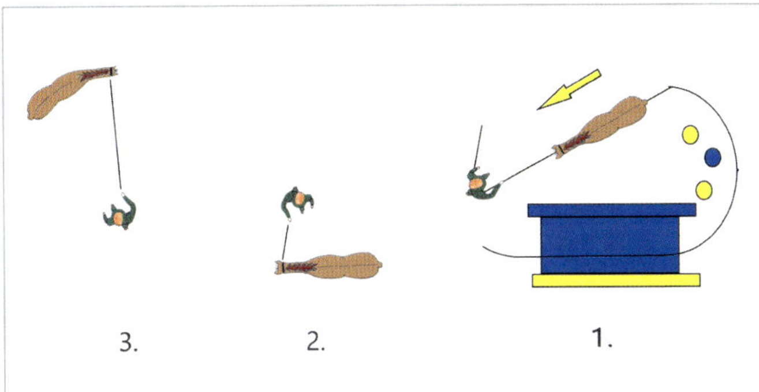

Longiere den Parcours, den Du zuvor auf der linken Hand absolviert hast, nun auf der rechten Hand. Danach wechselst Du erneut auf die linke Hand.

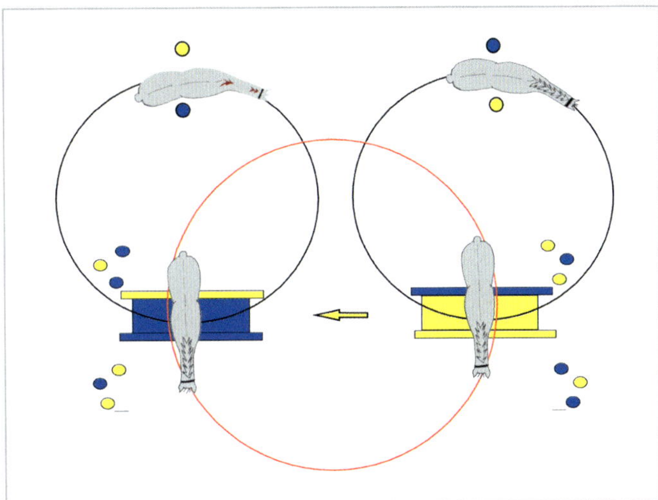

Du kannst alles im Schritt longieren oder im Trab. Wenn Dein Pferd geübt ist, kannst Du zwei Einheiten im Schritt und vier Einheiten im Trab longieren.

Parcours Nr. 4: Leiter und Achterschlaufen

Walk-Over und der Wechsel zwischen gebogenen Linien – ein essenzieller Bestandteil fast jedes Parcours.

Der Parcours besteht aus drei Matten, acht Dual-Gassen® und drei EquiGym®-Blöcken. Der Parcours ist anspruchsvoll für Dein Pferd. Die zahlreichen Wechsel, die gebogenen Linien und nicht zuletzt die Kraft, die Dein Pferd benötigt, um über die Leiter zu gelangen, fordern es heraus. Gleichzeitig trägt auch dieser Parcours dazu bei, die Trittsicherheit, Balance und Koordination Deines Pferdes zu verbessern.

Wenn Du die Intensität etwas reduzieren möchtest, kannst Du die Anzahl der Matten und EquiGym®-Blöcke nach Bedarf anpassen. Die EquiGym®-Blöcke kannst Du auch statt hochkant flach auf den Boden legen.

Der Ablauf ist zwar einfach gehalten, aber für Dein Pferd durchaus herausfordernd:

- Beginne, indem Du Dein Pferd in Achterschlaufen über die gelbe und blaue EquiGym®-Matte longierst.
- Nach zwei Achterschlaufen, wenn Dein Pferd die blaue Matte verlässt, führst Du es direkt zur Leiter.
- Longiere es über die Leiter und weiter in die Achterschlaufen auf der gegenüberliegenden Seite.
- Dort wiederholst Du das Longieren in zwei Achterschlaufen über die beiden blauen Matten.
- Longiere Dein Pferd zurück über die Leiter.
- Dann lässt Du es erneut in Achterschlaufen über die gelbe und blaue Matte gehen.

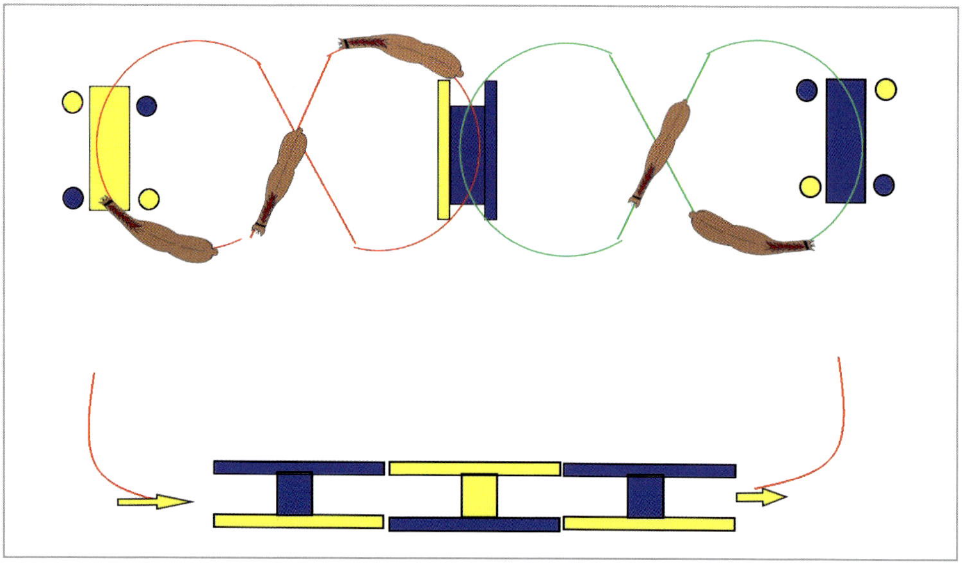

Kapitel 11

Parcours Nr. 5: Circle and Jump oder Kringel und Hüpf

Bei diesem Parcours schickst Du Dein Pferd in Volten und Achterschlaufen, wodurch es vermehrt in die Biegung kommt. Der kleine Sprung sorgt dafür, dass es keinen Drehwurm bekommt. Diese Kombination ist nicht nur abwechslungsreich, sondern auch eine wunderbare Möglichkeit, Dein Pferd gezielt zu gymnastizieren.

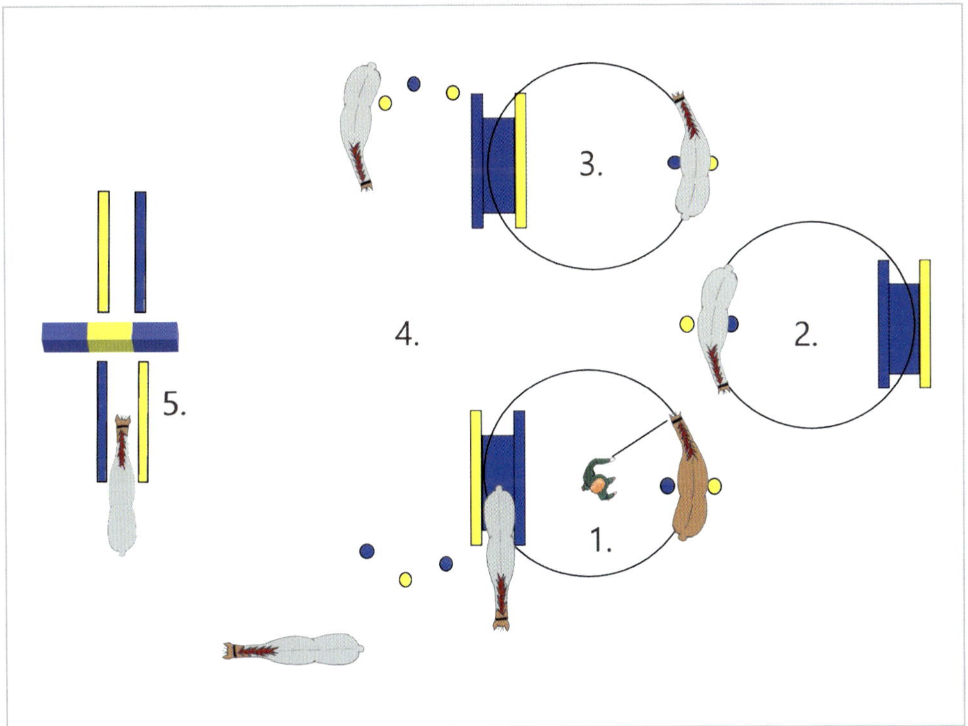

Der Name ist Programm:

- Beginne mit dem Kringel und zwar mit der Volte Nr. 1.
- Führe Dein Pferd zur Volte Nr. 2 und anschließend zur Volte Nr. 3.

Jede Volte wird zweimal longiert.

- Nach der Volte Nr. 3 longierst Du Dein Pferd in die Achterschlaufen Nr. 4, die über die beiden gelegten Matten führen.

Dabei kannst Du entweder eineinhalb oder zweieinhalb Achterschlaufen longieren.

- Führe Dein Pferd anschließend aus den Achterschlaufen heraus.

Du solltest Dich nun, wie auf der Grafik gezeigt, auf der rechten Hand befinden.

- Begleite Dein Pferd zum Abschluss über den Sprung.

Da wir niemals – never ever – rennen, wenn wir ein Pferd longieren, sollte Dein Pferd im Trab nicht zu schnell werden. Es ist wichtig, dass es Dir nicht davonläuft, denn Du bestimmst das Tempo.

Nach dem Sprung kann es jedoch sein, dass Dein Pferd etwas mehr Vorwärtsdrang zeigt und den schönen, gleichmäßigen Takt, den es vor dem Sprung hatte, nicht mehr beibehält.

Es könnte also passieren, dass Dein Pferd Dir nach dem Sprung davonläuft. Sprich es rennt weg. Bleibe in solchen Momenten ruhig und kontrolliert.

Die einfachste Lösung ist, dass Du Dein Pferd auf eine Volte führst. Sortiert euch beide wieder und versucht, den gleichmäßigen Trab wieder herzustellen.

Nachdem Du die Kontrolle über Dein Pferd wiedererlangt hast, startest Du den Parcours auf der rechten Hand.
Die Volte, die zuvor auf der linken Hand die Nummer 3 war, wird jetzt zur Nummer 1.

Den Sprung solltest Du abschließend wieder auf der linken Hand longieren, damit Du den Parcours nahtlos von vorne beginnen kannst.

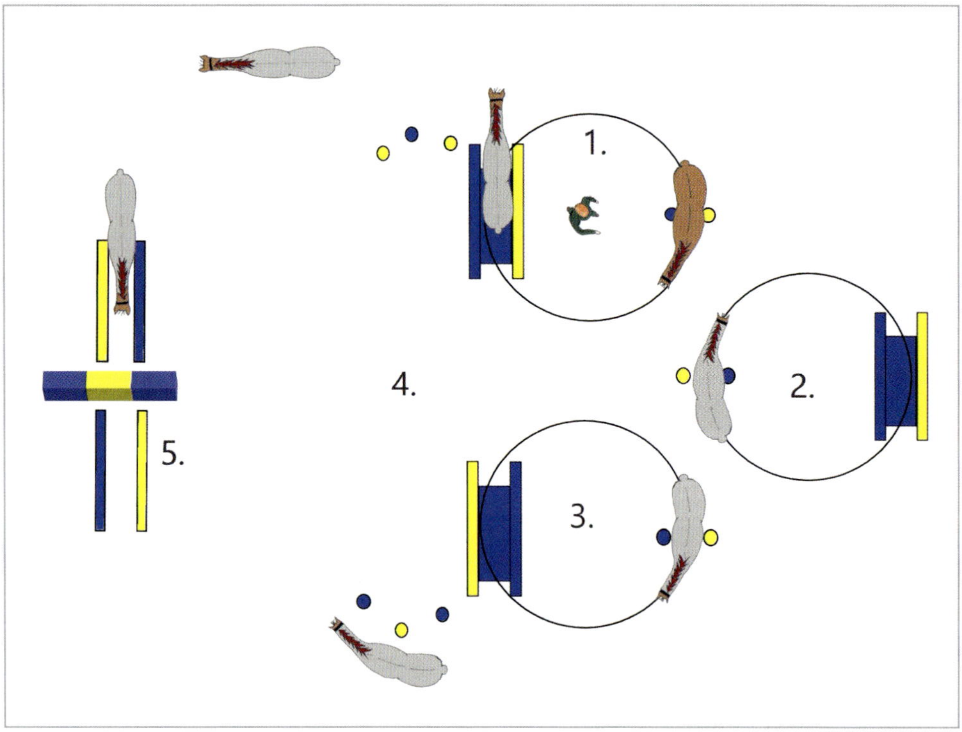

Parcours Nr. 6: Achterschlaufen – Kreuz – Treppe

Und diesen Parcours longierst Du genau in dieser Reihenfolge:

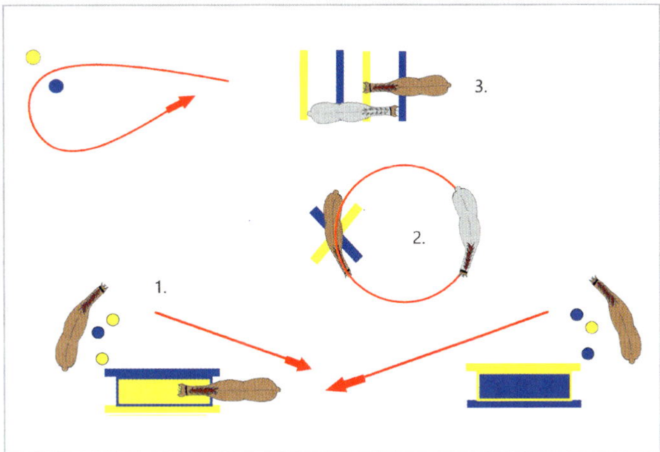

1. Beginne, indem Du Dein Pferd in zweieinhalb Achterschlaufen über die Matten longierst.
2. Aus den Achterschlaufen heraus longierst Du Dein Pferd in zwei Volten über das Kreuz.
3. Im Anschluss geht es aus den Volten über die Treppe. Bei den Pylonen, die Du vorzugsweise in den Ecken platziert hast, wechselst Du die Hand.

Nun longierst Du den Parcours auf der anderen Hand in umgekehrter Reihenfolge: Zuerst die Treppe, dann die Volten über das Kreuz und abschließend die Achterschlaufen.

Eine Variante

dieses Parcours ist, die Treppe durch einen kleinen Sprung zu ersetzen.

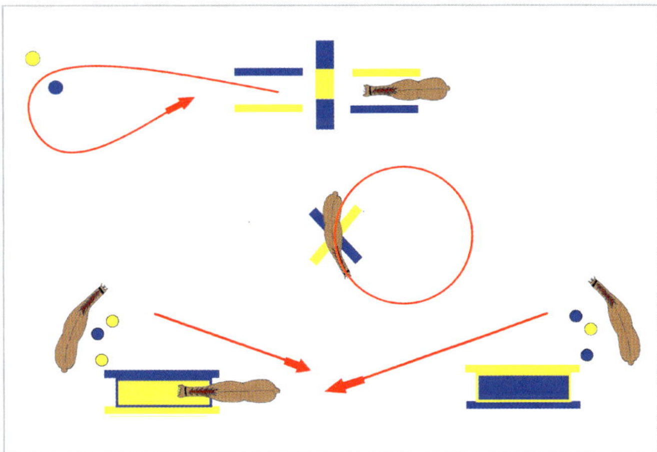

Dadurch bekommt das Training eine neue Herausforderung und sorgt für Abwechslung. Achte darauf, dass Dein Pferd den Sprung ruhig und kontrolliert überwindet und Du mitgehen kannst. Der gleichmäßige Fluss des Parcours soll beibehalten werden. Diese Anpassung stärkt zusätzlich die Koordination und die Aufmerksamkeit Deines Pferdes.

Parcours Nr. 7: Im Wechsel

Bei diesem Parcours integrieren wir das Übertreten nicht auf den Matten, sondern dazwischen. Das Übertreten dient als lösende Übung, während der Parcours insgesamt eine Abwechslung aus lösenden und versammelnden Übungen bietet.

Diese Kombination ist besonders gut geeignet für verspannte Pferde, da sie sowohl die Muskulatur lockert als auch die Beweglichkeit fördert. Durch die Abwechslung bleibt das Training vielseitig und unterstützt das Pferd dabei, geschmeidiger und lockerer zu werden. Ein wunderschöner Parcours für ein effektives und harmonisches Training!

Zudem wechseln wir in diesem Parcours die Gangarten: langsames Übertreten, es folgen die Achterschlaufen, anfangs im Schritt, später auch im Trab. Zuerst Schritt, später Trab über die EquiGym®-Blöcke, die Du Dir beidseitig außen aufgebaut hast. Nach den EquiGym®-Blöcken soll Dein Pferd wieder am Startpunkt anhalten. Dort lässt Du es anschließend, leicht versammelt, rückwärts treten.

Diese Variation fördert nicht nur die Geschmeidigkeit und Versammlung, sondern auch die Konzentration und Balance Deines Pferdes. Ein anspruchsvoller und abwechslungsreicher Parcours für Pferd und Reiter!

Sollte Dein Pferd nicht traben, kannst Du diesen Parcours selbstverständlich auch ausschließlich im Schritt longieren.

1. Starte bei der oberen Matte. Halte Dein Pferd darauf an, lass es einen Moment stillstehen und anschließend einige Schritte rückwärts treten. Antreten lassen.

2. Nach der Matte lässt Du Dein Pferd, wie in der Grafik dargestellt, auf der linken Hand nach rechts übertreten.

3. Im Anschluss longierst Du zweieinhalb Achterschlaufen. Achte darauf, dass die Dual-Gassen® und die EquiGym®-Matten ausreichend Abstand zueinander haben, damit Du die Achterschlaufen fließend longieren kannst.

4. Longiere Dein Pferd anschließend auf der rechten Hand über den EquiGym®-Block, den Du mit den Dual-Gassen® eingerahmt hast – also die Leiter mit einer Stufe. Wenn Dein Pferd sicher und flüssig den Parcours absolviert, kannst Du später den Schwierigkeitsgrad erhöhen, indem Du die Leiter um ein paar Sprossen erweiterst.

5. Jetzt hältst Du wieder auf der ersten Matte an. Anfangs aus dem Schritt, später aus dem Trab.

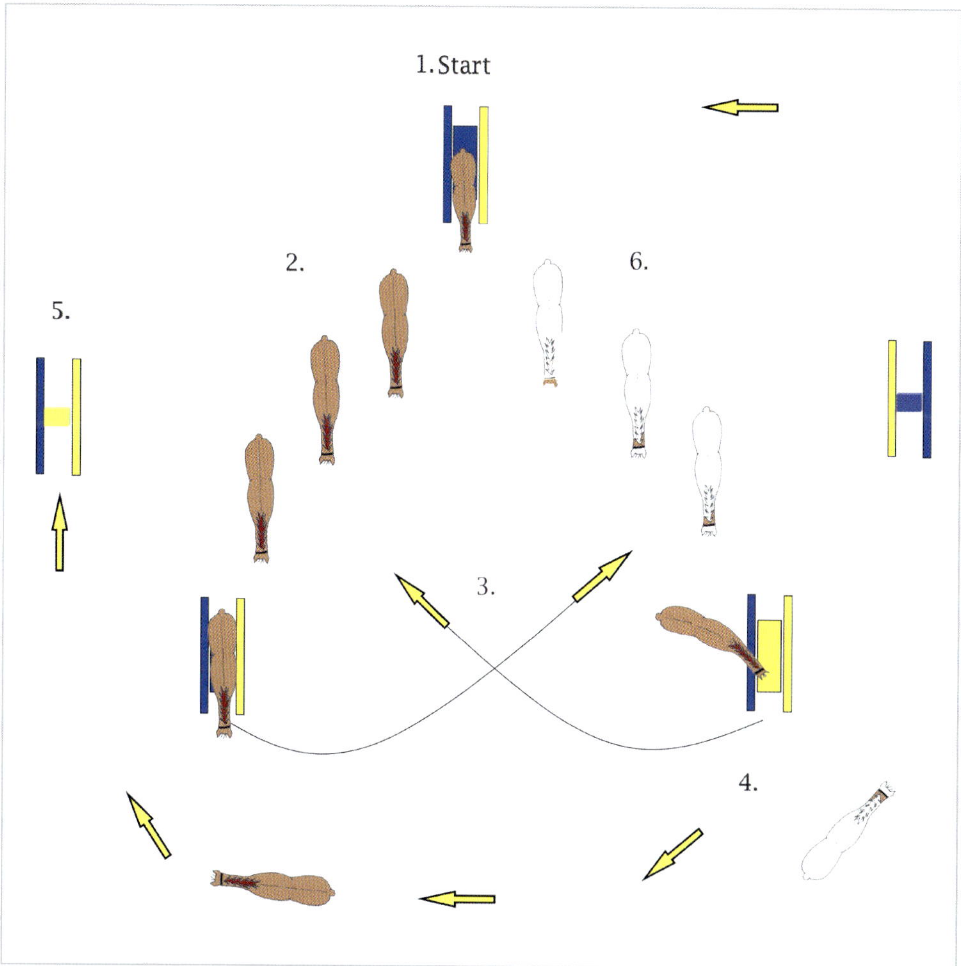

Danach lässt Du Dein Pferd wieder antreten und longierst den Parcours spiegelverkehrt. Beginne, indem Du Dein Pferd nach links übertreten lässt, anschließend zweieinhalb Achterschlaufen longieren. Führe es dann auf der linken Hand über die einsprossige Leiter und lass es schließlich wieder auf den Matten anhalten.

Parcours Nr. 8

Diesen Parcours longierst Du ebenfalls im Umlauf. Auch hier ist wieder alles inklusive: Vor- und Hinterhandkoordination, Kadenz, Schrittweite sowie die Balance und Gleichseitigkeit Deines Pferdes werden in diesem Parcours geschult.

Ablauf

1. Beginn über den Fächer:

Longiere das Pferd zunächst in zwei Volten über den Fächer. Achte darauf, dass es gleichmäßig und konzentriert arbeitet. Die Stangen fördern besonders die Koordination von Vor- und Hinterhand.

2. Übergang zur Matte:

Longiere Dein Pferd in zwei Volten über die EquiGym®-Matte.

3. Über die Leiter:

Als Nächstes geht es über die Leiter. Denke daran, die Anlehnung hier bewusst aufzugeben und die Longe zu lockern. Dein Pferd soll eigenständig und ohne Lenkung die Leiter überwinden. Da die Leiter eingerahmt ist, fällt es ihm leichter, die Balance zu halten.

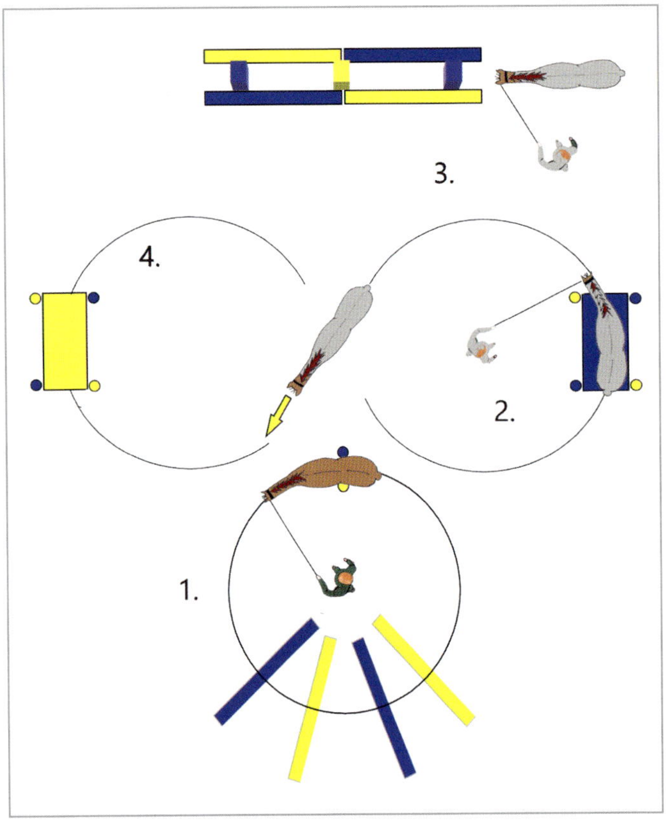

4. Volte 4:

Longiere Dein Pferd danach in zwei weiteren Volten über die Matte. Gib dabei mit der Longe deutlich nach.

5. Handwechsel:

Nachdem der Parcours auf der linken Hand abgeschlossen ist, wechselst Du auf die rechte Hand. Wiederhole den Parcours, beginnend mit dem Fächer.

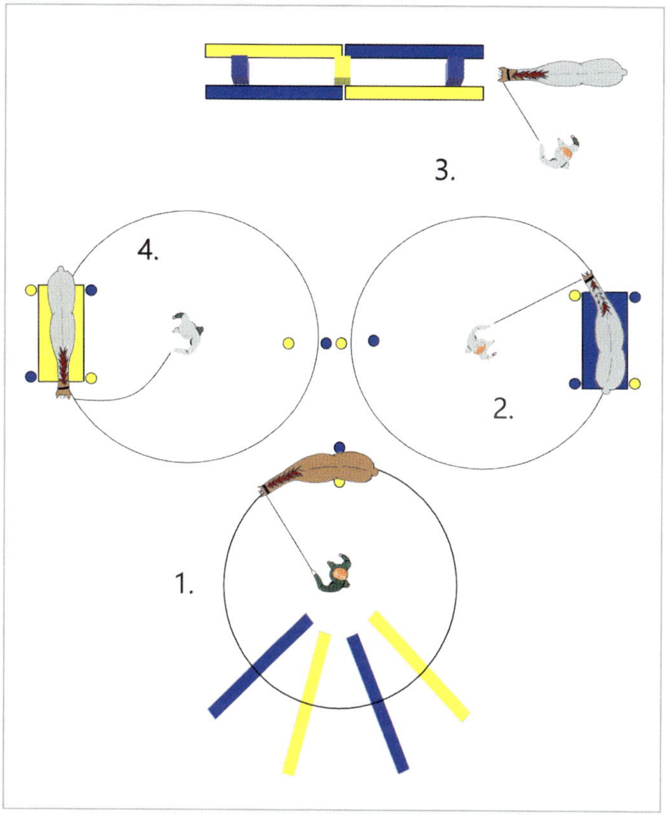

Vorschlag 2

Derselbe Aufbau und fast der gleiche Ablauf, jedoch mit einer kleinen Änderung:

Du longierst anstelle der Volten über die Matten (Nr. 2 und Nr. 4) eine Achterschlaufe.

Die Abstände passt Du wie immer individuell an Dein Pferd an.

Parcours Nr. 9: Wechselspiel

Ein Parcours, der Dein Pferd wieder wunderbar gymnastiziert. Die Matten und EquiGym®-Blöcke sind im Wechsel aufgebaut und natürlich wieder auf beiden Händen zu arbeiten. Die Koordination der Vor- und Hinterhand steht hier etwas im Vordergrund, aber natürlich dürfen in diesem Parcours die gebogenen Linien nicht fehlen.

Du startest in der Gasse Nr. 1. Dort longierst Du zwei Volten über den in die Gasse gelegten EquiGym®-Block. Beim Hindernis gibst Du die Anlehnung auf und lässt die Longe bewusst nach.

Du longierst weiter zur EquiGym®-Matte Nr. 2, longierst zwei Volten darüber und longierst Dein Pferd nahtlos zu Nr. 3.

Die Langgasse haben wir diesmal versetzt als Hindernis aufgebaut, ähnlich einer einfachen Schlangenlinie. In der ersten und dritten Gasse liegt jeweils ein EquiGym®-Block, während in der zweiten Gasse eine Matte platziert wurde. Gib die Longe in den Gassen wieder nach.

Longiere Dein Pferd entlang der kurzen Seite und wechsle aus der zweiten Ecke heraus. Anschließend kannst Du den Parcours auf der rechten Hand longieren.

Eine weitere Variante ist, Dein Pferd übertreten zu lassen, wodurch der Parcours einen anderen Charakter bekommt.

Entferne dazu zunächst die EquiGym®-Blöcke aus den Gassen des Hindernisses Nr. 4. Longiere den Parcours wie in der ersten Variante,

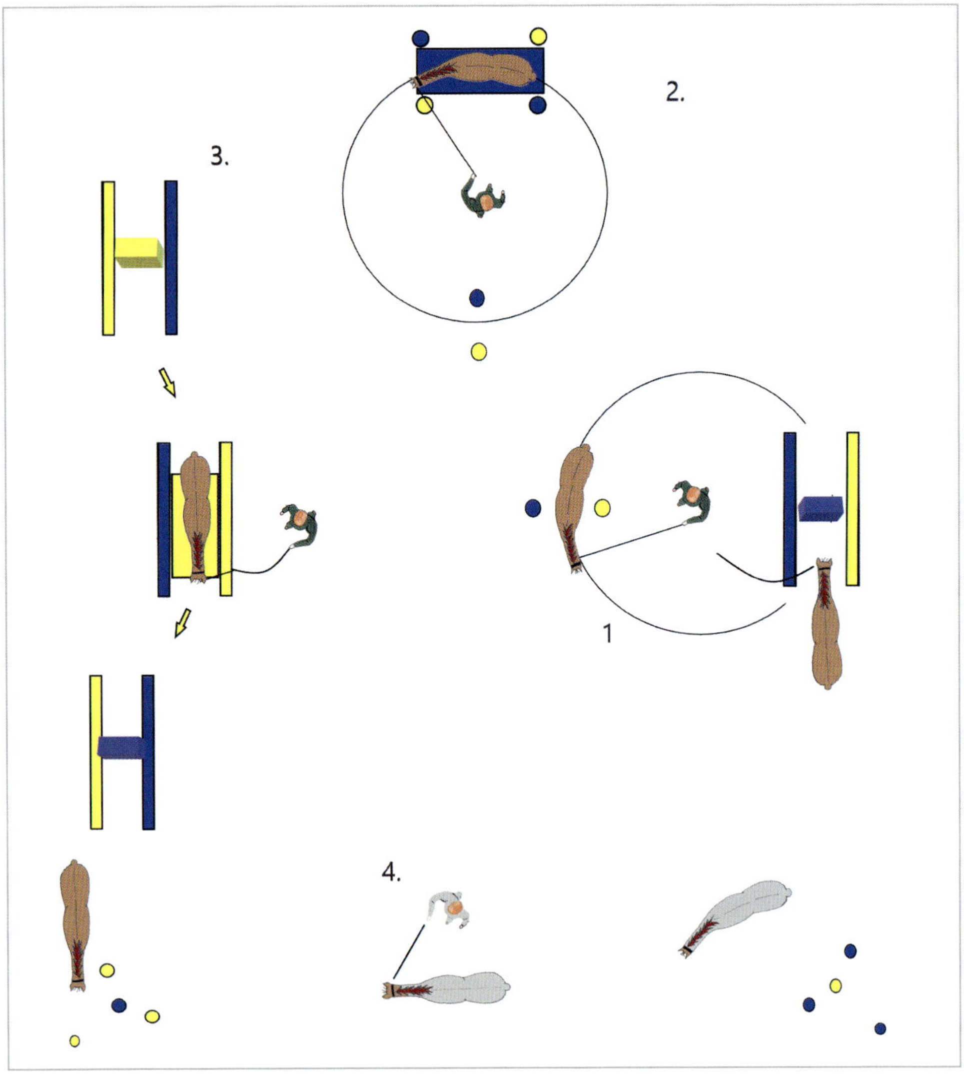

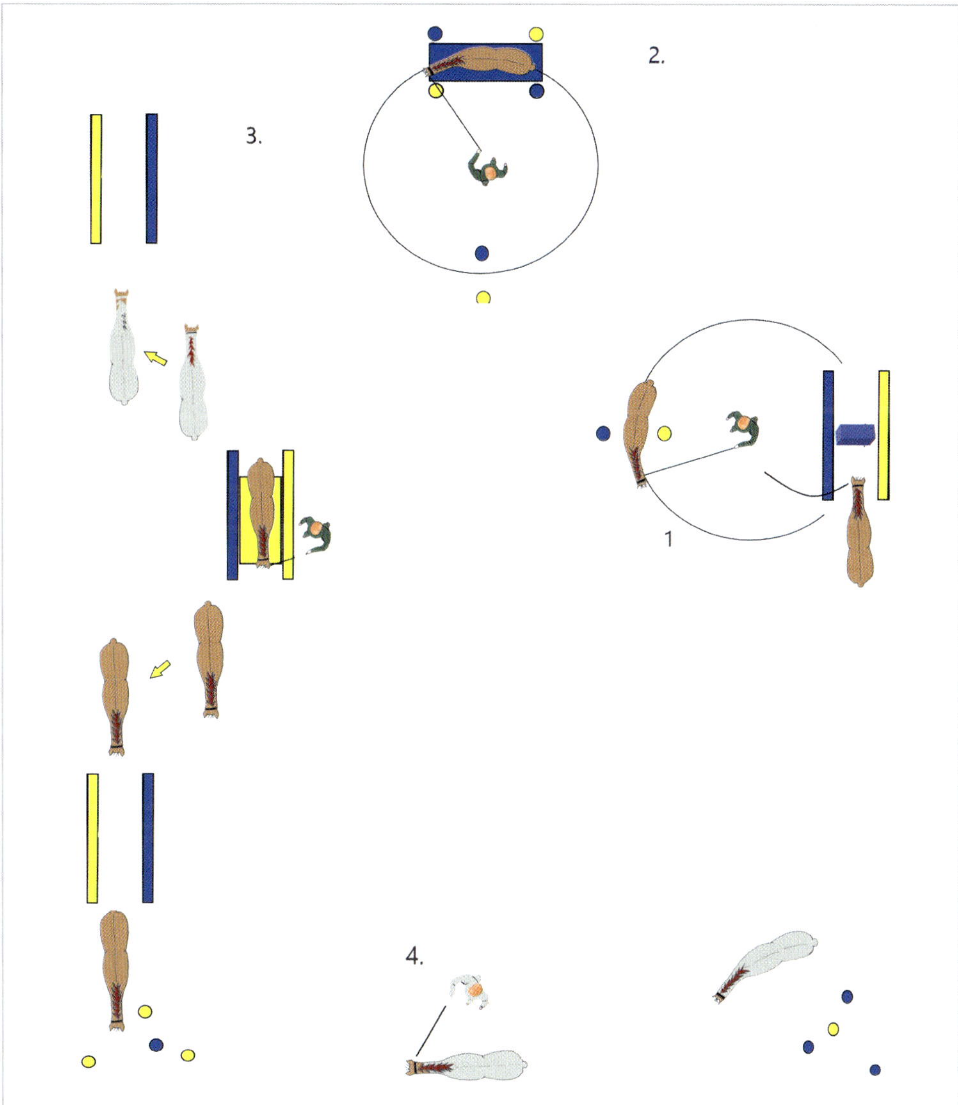

jedoch lässt Du Dein Pferd bei Hindernis Nr. 4 übertreten – immer von der zweiten zur dritten Gasse.
Diese Übung wird im Schritt ausgeführt und ist Dir möglicherweise als »Viereck vergrößern und verkleinern« bekannt.

Fügst Du zusätzlich Trabphasen ein, erhältst Du eine wunderbare Kombination aus langsamem Übertreten und Trab im restlichen Parcours.

Parcours Nr. 10: Drehwurm

Im Parcours Nr. 10 bist Du fast ausschließlich mit dem Longieren von Volten beschäftigt – eine sehr versammelnde Übung.

Damit es für Dein Pferd nicht zu anstrengend wird, gibst Du in den Gassen die Anlehnung auf und lässt die Longe locker. Anschließend nimmst Du die Longe wieder auf und longierst Dein Pferd erneut in Stellung und Biegung.

Beginne mit Hindernis Nr. 1, indem Du zwei Volten longierst.

Denk daran, in den Gassen nachzugeben.

Anschließend longierst Du Dein Pferd in zwei Volten über die Mitte des Kreuzes.

Weiter geht es zu Hindernis Nr. 3, das Du genauso longierst wie Hindernis Nr. 1.

Es folgt eine Kehrtvolte aus der Ecke, anschließend kannst Du den Parcours auf der rechten Hand longieren.

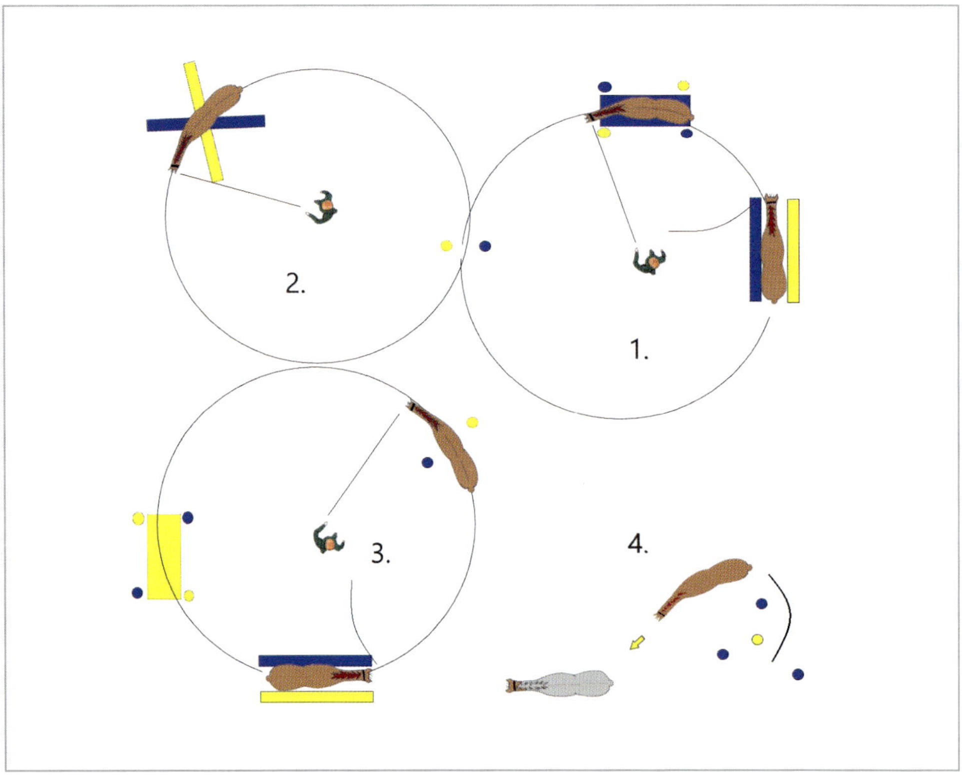

EquiGym® als Equikinetic®

Bei einem Sehnenschaden sollte man nicht mit den Matten arbeiten! Zur Vorbeugung hingegen ist es eine ganz wunderbare Sache. Durch den immer wieder leicht nachgebenden Untergrund werden neben der Balance auch die Sehnen trainiert.
Bei einem »ausgeheilten« Sehnenschaden frage bitte Deinen Tierarzt, ob EquiGym® für Dein Pferd empfehlenswert ist.

Falls Du Equikinetic® noch nicht kennst:
Es ist unser Erfolgsprogramm Nr. 1 für den Muskelaufbau.
Equikinetic® ist prädestiniert für Pferde in der Reha-Phase, dabei wird hauptsächlich im Schritt longiert.

Equikinetic® ist eine Methode zum gezielten Aufbau von Muskulatur und beugt gegen Dysbalancen der Muskulatur und den damit verbundenen Problemen vor. Das einfache, aber effektive Longierprogramm kombiniert Intervalltraining mit gezielter Arbeit in Stellung und Biegung – alles nach einem klar strukturierten Zeitschema. Mithilfe eines individuell anpassbaren Trainingsplans kannst Du die Beweglichkeit, Leistungsfähigkeit und Gesundheit Deines Pferdes nachhaltig fördern. Dieses intensive und hocheffiziente Training eignet sich für jede Reitweise und ist für alle Pferdebesitzer leicht umsetzbar.

Führposition und Longierarbeit

Die Führposition befindet sich auf Schulterhöhe des Pferdes, wobei die Beine des Menschen etwa auf Höhe der Vorderbeine des Pferdes sind. Der Körper ist dem Pferd zugewandt, um klare Signale geben zu können. Während des Schritts führt man das Pferd nah am Körper, während im Trab der Abstand vergrößert wird. Dieser Abstand kann je nach Pferd individuell angepasst werden.

Beim Longieren auf der linken Hand hält die linke Hand die Longe, während die rechte den Longenrest und die Gerte führt. Die Körperhaltung des Menschen beeinflusst das Tempo, das das Pferd gehen soll.

Grundsätzlich wird das Tempo so gewählt, dass das Pferd in der jeweiligen Gangart die Balance halten kann.
Dabei gilt der Leitsatz: Funktion vor Form.

Schrittarbeit

Das Training beginnt stets im Schritt, der fleißig, aber nicht übereilt sein sollte. Die Dauer der Arbeit im Schritt und der Übergang in den Trab hängen individuell vom Pferd ab.
Schrittarbeit trägt genauso zum Muskelaufbau bei wie Trabtraining. Besonders bei Pferden in einer Reha-Maßnahme hat sich der Schritt als optimale Gangart bewährt.

Trabtraining

Im Trab wird anfangs bewusst im Komforttempo gearbeitet, damit das Pferd die Balance halten kann. Ein zu hohes Tempo führt oft zu Kompensationsbewegungen, die das Pferd in Schieflage bringen, die die Geraderichtung behindern und die Gelenke unnötig belasten.

Langsamer Trab auf gebogener Linie erfordert mehr Kraft und fördert gezielt die Muskulatur. Das Longieren erfolgt in einer dauerhaften Innenstellung und Biegung im Intervalltraining. Pausen und Arbeitsphasen wechseln sich ab.

Die Stellung des Pferdes sollte mindestens so sein, dass das äußere Auge auf Höhe des äußeren Buggelenks liegt. Maximale Stellung bedeutet, dass das äußere Auge auf Höhe des inneren Buggelenks ist.

EquiGym®-Training = Equikinetic® 2.0

Das EquiGym®-Training intensiviert und erhöht die Effektivität des Longierens, stellt jedoch auch eine zusätzliche Anforderung für das Pferd dar.
Die ständige Arbeit unter Spannung und die Verarbeitung der Reize durch die Matten fordern das Pferd zusätzlich sowohl körperlich als auch mental.
Daher empfehlen wir zu Beginn nicht mehr als sechs bis acht Einheiten im Schritt.

Wenn Dein Pferd jedoch Probleme hat

Pferde können mit einer Vielzahl von Problemen zu kämpfen haben. Wie bereits erwähnt, sollte bei Sehnenverletzungen die Anwendung von EquiGym® vermieden werden. In solchen Fällen ist es ratsam, die Situation mit Deinem Tierarzt oder Deiner Tierärztin zu besprechen, um eine sichere Entscheidung für Dein Pferd treffen zu können.

Bei Problemen wie Taktunklarheiten, einer schlurfenden oder schwachen Hinterhand, Gewichtsproblemen oder ähnlichen Herausforderungen bietet EquiGym® in Verbindung mit Equikinetic® eine wirkungsvolle Unterstützung. Es kann helfen, die Muskulatur aufzubauen, die Beweglichkeit zu verbessern und die Balance zu fördern. Dennoch sollte das Training individuell an die Bedürfnisse und den Gesundheitszustand des Pferdes angepasst werden.

Ansonsten ist EquiGym® ein echter Booster für das Training. Die speziellen EquiGym®-Matten erhöhen die Effektivität, da sie das Pferd zusätzlich fordern, die Muskulatur gezielt aktivieren und die Körperwahrnehmung verbessern.

Dieses Training eignet sich hervorragend, um die Leistung Deines Pferdes nachhaltig zu steigern und die Trainingsziele effizienter zu erreichen.

Kurz und knapp:

Zeitsystem EquiGym®:

6 Einheiten à 3 Minuten, mit 1 Minute Pause.

Beginne im Zweifel mit weniger Einheiten und steigere das Training langsam.

Wenn der Timer die Einheit beendet, wechselst Du die Hand und Dein Pferd hat Pause. In der Pause soll es im Schritt ohne Stellung und Biegung laufen oder außerhalb der Gassen abgestellt werden.

Quadratvolte: von Hufschlag zu Hufschlag ca. 8 m

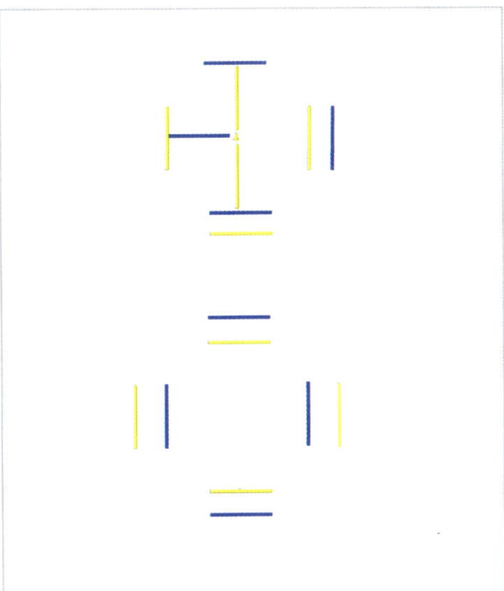

Nochmals der Aufbau:

Um eine exakte Quadratvolte zu erhalten, legst Du zunächst ein Kreuz aus den 3 m langen Dual-Gassen®.

Platziere anschließend die senkrechten Gassen parallel zu den waagrecht gelegten Gassen. So entsteht eine Quadratvolte mit einem Durchmesser von ca. 8 m, gemessen von Hufschlag zu Hufschlag.

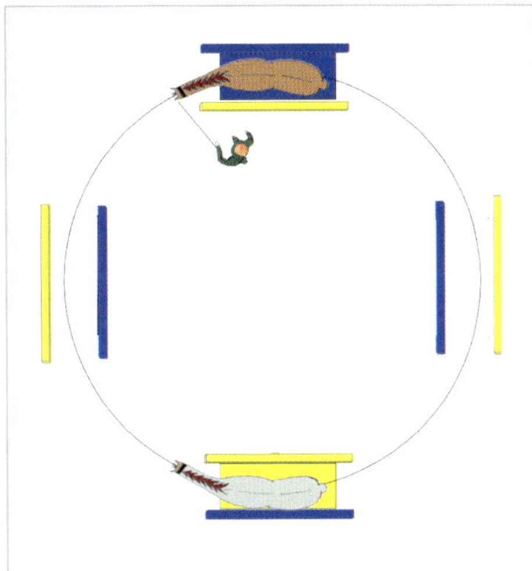

Beginne mit ein bis zwei Matten in den Gassen. Anfangs reichen statt acht Einheiten wahrscheinlich schon sechs.

EquiGym® ist hier nicht nur effektiv, sondern auch anstrengend. Dein Pferd muss eine Minute in Dauerstellung und Biegung die Kreislinie über die Matten laufen. Steigere den Schwierigkeitsgrad langsam, bevor Du weitere Matten, EquiGym®-Blöcke oder quergelegte Gassen hinzufügst.

Eine praktische Unterstützung, wenn Dein Pferd sich gerne auf die innere Schulter »legt«: Platziere die EquiGym®-Blöcke auf der offenen inneren Seite der Quadratvolte.

Das macht etwas Eindruck auf Dein Pferd und es beginnt, die innere Schulter anzuheben.

Diese Methode ist auch hilfreich, wenn Dein Pferd in der Quadratvolte ständig nach innen drängt. Dieses Verhalten tritt oft auf der »schwächeren Seite« auf und zeigt, dass Dein Pferd noch nicht vollständig geradegerichtet ist.

Ein typisches Beispiel: Auf der rechten Hand tritt die Hinterhand leicht nach außen, während die Vorderbeine nach innen tendieren. Dadurch wird die Volte immer kleiner und Dein Pferd schneidet die offenen Seiten, indem es nach innen drängt.

Die EquiGym®-Blöcke bieten hier eine wirkungsvolle Lösung. Alternativ kannst Du auch Pylonen verwenden.

Wenn Dein Pferd mit der Hinterhand ausbricht, kannst Du Dual-Gassen® oder Pylonen an der offenen Seite platzieren. Diese Begrenzung hilft, das Pferd sowohl in den Gassen als auch an den offenen Seiten einzurahmen und unterstützt so eine korrekte Linienführung.

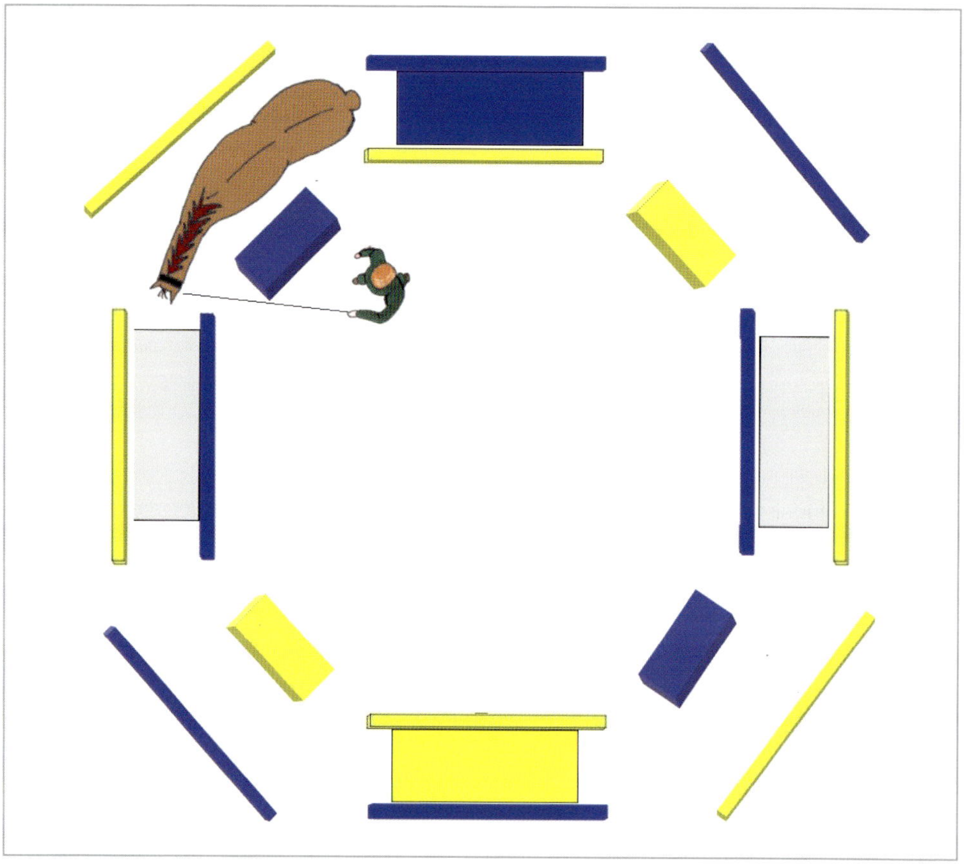

Troubleshooting!

Überforderung erkennen

Wenn Dein Pferd Anzeichen von Überforderung zeigt wie Konzentrationsschwierigkeiten oder andere Stresssymptome, Stolpern, Kopfschütteln usw. sollte die Einheit abgebrochen werden.

Ein ausgewogenes Training, das auf die individuellen Bedürfnisse und den aktuellen Gesundheitszustand Deines Pferdes abgestimmt ist, ist entscheidend für langfristigen Erfolg und eine gesunde, nachhaltige Entwicklung.

Achte darauf, Dein Pferd weder körperlich noch mental zu überfordern – so bleibt das Training für euch beide eine positive Erfahrung.

Dein Pferd lässt sich nicht longieren? Nicht ziehen!

Dein Pferd zieht beim Longieren nach außen und Du hast Mühe, es auf der Linie zu halten? Das ist ein klares Zeichen dafür, dass es noch nicht losgelassen ist. Es befindet sich in einem Spannungszustand und muss erst lernen, sich richtig zu bewegen.

Ein Teufelskreis beginnt: Dein Pferd zieht den Kopf nach außen und Du versuchst mit aller Kraft, es nach innen zu ziehen. Doch diesen Kampf wirst Du verlieren – so wird Dein Pferd nicht durchlässig.

Manche greifen dann zu »scharfen« Kappzäumen, um das Pferd auf der Kreislinie zu halten. Während einige Pferde nachgeben, tun dies viele nicht. Sie machen den Kopf und Hals gerade und gehen. Pferde reagieren so nicht aus Sturheit, sondern aus Verzweiflung.

Andere Pferde gehen durch, viele halten es nur aus. Es fällt ihnen schwer, die Volte zu halten, sie verspannen sich und dann kommt der Schmerz hinzu.

Das Pferd lernt: Je schneller ich gehe, umso eher hört das auf! Recht hat das Pferd.

Losgelassenheit ist die Grundlage jeder Arbeit mit dem Pferd und sie muss erarbeitet werden. Egal, warum Dein Pferd verspannt ist,

es ist Deine Aufgabe, diese Verspannung zu lösen. Einfaches Ziehen hilft nicht weiter.
Ist der Stresslevel Deines Pferdes zu hoch, wird es kaum lernen, was Du von ihm möchtest. Es wird vielmehr verinnerlichen, wie es sich noch besser entziehen kann. Und das ist verständlich.

Hab Geduld und bringe Deinem Pferd bei, auf dem Zirkel oder der Volte zu laufen. Am Anfang steht die Funktion vor der Form. Das bedeutet, dass Dein Pferd zwar noch nicht optimal laufen wird, aber sich zumindest nicht mehr gegen Dich wehren muss.

Denk immer daran: Wenn ein Pferd sich nicht stellt und gegen Deine Hand geht, will es Dich nicht ärgern – es kann es einfach noch nicht!

Was tun, wenn Dein Pferd auf die Gassen tritt und sie nicht ernst nimmt?

Oh ja, das kommt vor! Manche Pferde merken schnell: »Weich, tut nicht weh.« Warum sich also anstrengen, wenn man die Hinterhand energiesparend »schleifen lassen« kann?

Aus Deinem sorgfältig aufgebauten Parcours wird dann in wenigen Minuten ein völlig neues Design – nach den Vorstellungen Deines Pferdes.

Warum tritt Dein Pferd auf die Gassen?

1. **Keine Notwendigkeit, die Beine zu heben:** Dein Pferd sieht keinen Grund, sich die Mühe zu machen, die Beine gezielt über die Gassen zu heben.

2. **Zu wenig Kraft:** Manche Pferde verbinden die Arbeit mit den Gassen bereits mit Anstrengung und haben gelernt, dass es einfacher ist, die Beine nicht richtig anzuheben. Dass das Treten auf die Gassen nicht wehtut, ist natürlich ein Vorteil – aber es macht die Sache für Dich nicht leichter.

Was kannst Du tun?

1. **Motiviere Dein Pferd aktiv:**
   - Mache Dein Pferd jedes Mal, wenn es über die Gassen gehen soll, aufmerksam. Das gute alte »PASS AUF!« kann helfen, aber nur, wenn Du es auch wirklich ernst meinst.
   - Sei konsequent, sehr konsequent! Bei jedem Übertreten der Gassen forderst Du es aktiv auf, darüberzutreten. Lass es nicht einfach passiv sein Tempo gehen.

2. **Starte mit einfachen Parcours:**
   - Baue den Parcours anfangs nicht zu kompliziert. Dein Pferd sollte erst Kraft und Balance entwickeln.
   - Verwende zunächst die 8-Meter-Equikinetic®-Volte von EquiGym®, um Kraft aufzubauen.

- Lege danach einzelne Gassen in die offenen Seiten der Volte: erst eine, dann die gegenüberliegende zweite.

3. **An Balance arbeiten:**
   - Manche Pferde treten auf die Gassen, weil ihnen die nötige Balance fehlt, um sauber durchzugehen. In diesem Fall solltest Du den Parcours noch weiter vereinfachen, bis Dein Pferd sicher und kontrolliert durch die Gassen laufen kann.

Das Ziel ist es, Deinem Pferd zu zeigen, dass es sinnvoller (und vielleicht sogar angenehmer) ist, über die Gassen zu treten, anstatt darauf.

Mit Geduld, einem durchdachten Trainingsaufbau und klaren Signalen wird Dein Pferd mit der Zeit lernen, die Gassen respektvoll zu behandeln – und Dein Parcours bleibt genau so, wie Du ihn geplant hast!

Mein Pferd geht nicht auf die Matten

Hab Geduld. Im Abschnitt »So gewöhnst Du Dein Pferd an die Matten« haben wir beschrieben, wie Du dabei vorgehen solltest.
Manchmal braucht es einfach etwas mehr Zeit. Viele Pferde neigen zunächst dazu, quer über die Matten zu gehen und den gelben Belag zu bevorzugen.

Das Zauberwort lautet hier: üben.
Mit Geduld und regelmäßiger Wiederholung wird Dein Pferd über die Matten gehen.

Das kann schon mal passieren

Dein Pferd nimmt eine Abkürzung. Das ist nicht schlimm. Achte auf Deine Körpersprache, geh an der Schulter und zeige ihm mit der Hand den richtigen Weg – vorwärts.

Du könntest den EquiGym®-Block auch flach auf den Boden legen.
Die blaue Farbe macht in der Regel einen stärkeren Eindruck auf Pferde. Vielleicht sind gelbe EquiGym®-Blöcke am Ein- und Ausgang ebenfalls hilfreich.

Schlusswort

Wir hoffen, dass wir Dir mit EquiGym® einige Inspirationen für Dein Training geben konnten. Der Trainingszustand ist entscheidend für die Gesunderhaltung eines Reitpferdes.

Mit EquiGym® kannst Du Dein Pferd geraderichten, seine Koordination verbessern und für mehr Balance sorgen.

Die Erfolgsformel lautet: TUN.
EquiGym® macht Spaß und bietet Deinem Pferd ein abwechslungsreiches Training. Beginne mit einfachen Übungen und steigere sie nach und nach.

Wir wünschen Dir ein erfolgreiches Training und viel Freude mit EquiGym®!

Noch mehr von Erfolgsautor Michael Geitner

Michael Geitner und
Alexandra Schmid
EQUIKINETIC®
Pferde effektiv longieren
168 Seiten, 143 Bilder,
19 Strichzeichnungen
ISBN 978-3-275-02145-1
€ 24,90 / €(A) 25,60

Michael Geitner und
Corinna Lehmann
GEITNERS DUAL-KIT
+ 30 Parcours und Trainingstipps
32 Seiten, 12 Bilder, 30 Karten
ISBN 978-3-275-01846-8
€ 16,95 / €(A) 17,40

Michael Geitner und
Alexandra Schmid
Dualini®
Pferdewissen für
clevere Kids
208 Seiten, 250 Bilder
ISBN 978-3-275-02249-6
€ 24,90 / €(A) 25,60

Michael Geitner und
Alexandra Schmid
GEITNERS
BODENARBEITS-KIT
Die besten 30 Übungen
mit Video-Clips
32 Seiten, 50 Bilder
ISBN 978-3-275-02207-6
€ 19,95 / €(A) 20,60

Michael Geitner und
Alexandra Schmid
EquiClassic-Work
Bodenarbeit nach
Michael Geitner
216 Seiten, 147 Bilder,
223 Strichzeichnungen
ISBN 978-3-275-02119-2
€ 29,90 / €(A) 30,80

Folgen Sie uns für mehr Infos zu unseren Pferdebüchern auf:

www.instagram.com/
muellerrueschlikon.pferd

www.facebook.com/
muellerrueschlikonverlag

Im Internet unter
www.mueller-rueschlikon.de

Änderungen in Preis und Lieferfähigkeit vorbehalten.

Überall, wo es Bücher gibt, oder auf
www.mueller-rueschlikon.de
Service-Hotline: 0711-78 992 151

Müller Rüschlikon